建筑基础110
建筑构法

[日] 大野隆司 著

李逸定 译

中国建筑工业出版社

著作权合同登记图字：01-2013-8415号

图书在版编目（CIP）数据

建筑构法／（日）大野隆司著；李逸定译 . —北京：中国建筑工业出版社，2020.2
（建筑基础110）
ISBN 978-7-112-24783-7

Ⅰ.①建…　Ⅱ.①大…　②李…　Ⅲ.①建筑结构　Ⅳ.①TU3

中国版本图书馆CIP数据核字（2020）第018018号

SEKAI DE ICHIBAN YASASHII KENCHIKU KOUHOU
© TAKASHI OHNO 2009
Originally published in Japan in 2009 by X-Knowledge Co., Ltd.
Chinese (in simplified character only) translation rights arranged with
X-Knowledge Co., Ltd.

本书由日本X–Knowledge出版社授权我社独家翻译、出版、发行。

《建筑基础110》丛书策划：刘文昕
责任编辑：刘婷婷　刘文昕
责任校对：芦欣甜

建筑基础110
建筑构法
[日]大野隆司　著
李逸定　译

*
中国建筑工业出版社出版、发行（北京海淀三里河路9号）
各地新华书店、建筑书店经销
北京点击世代文化传媒有限公司制版
临西县阅读时光印刷有限公司印刷
*
开本：965×1270毫米　1/32　印张：7½　插页：1　字数：188千字
2020年6月第一版　2020年6月第一次印刷
定价：68.00元
ISBN 978-7-112-24783-7
（34965）

前　言

　　所谓构法，就是指建筑物的建造、建筑物各部位处于何种状态的构成方法，日本建筑学会编辑的建筑学用语词典中有"地、墙、顶等建筑物实体部分的构成方法"。在类似的用语中，有使用像平假名エ的"エ"字的工法，在同一词典中还有"建筑物的施工方法（以下简称工法）"的词语。两个单词发音也相同，为进行区别，将构法一词称为"KAMAE 构法"，工法一词称为"E 工法"，将构法定义为"现实状态"；工法定义为"操作状态"比较清晰。在建筑业中，也常有将其作为一个整体称为构工法的。

　　另外一个类似用语是结构一词。同样根据建筑学用语词典的解释，结构为"承担抵御自重和外力作用的建筑构成要素，由梁、柱、墙等形成的力学上的抵抗体系"，是关注结构等建筑物支撑方式的用语，与一般所言的"社会结构"等结构的含义是不同的。因此，构法作为与其匹配的词语被采用了。

　　以上虽然对构法的定义进行了粗略的划分，但实际上在业界中相当混乱。本书与系列书以外的书有重复的部分，并没有进行特意的调整。关于构法的著作，有与内田祥哉先生等合著的《建筑构法》（市谷出版社），以及获得日本建筑学会奖的《建筑构法计划》（市谷出版社）等，在插图上经常得到濑川康秀协助。此次也是请求他在百忙之中给予协助。因此，从上述两本书中参考了很多的插图，在此表示感谢。

大野隆司

2009 年 6 月

目 录
CONTENTS

3 非木结构的构法

钢结构

RC（钢筋混凝土）结构

其他结构

4 水平部位的构法
坡屋顶

平屋顶

地面

楼梯

顶棚

5 垂直部位的构法

墙

开口部

6 构法、工法的生成

何谓构法、工法？

001 构法概论

术语

构法的阐释

◆ 为建筑物的位置（部位、局部）命名
◆ 掌握由饰面、基底、局部主体组成的层构成

场所的称谓

作为构法用语，屋顶和楼面、墙、顶棚等是被普遍使用的，但用专业术语进行归纳的话，如图 1 所示。由于外墙、内墙的表示方法难以判断是整面墙还是部分墙，只指一侧墙时，可称为"外墙""内墙"。根据这个规则，一侧为外墙、另一侧为内墙的称为外墙，两侧均为内墙的称为隔墙（两侧均为外墙的墙称为室外墙）。

另外，关于水平方向，称为屋顶和楼面、顶棚的表示方法仅为单侧，没有概括地表示从屋顶到正下方顶棚，或从地板到正下方顶棚的术语。因此，将前者称为屋顶顶棚，后者称为楼面顶棚，这些都统称为部位。

饰面、基底、局部主体

构法大体分为三个要素，即"支撑部位""构成表面装饰的部位""维系两者的部位"。构成表面装饰的是饰面，

维系两者，增加饰面的强度、刚性、完善构法的整体保温性、隔声性等性能的部位称之为"基底"。基底由多个构成时，对于被支撑的部位而言，仍然称之为基底。

支撑体一般称为结构体。结构体是针对建筑物整体而言的，不过支撑各部位、各局部与结构体连接的基底称为局部结构体（或各局部结构体）。

考虑到实际的建筑物，如 RC 结构（参照 22 页）的清水墙一样，有从饰面到基底、到结构体全部兼容的情况，相反也有在许多墙体上可以看到的多个基底构成的情况，其构成是多种多样的（图 2）。

还有，就构成部位而言，如将宽度方向的大面积均质的整块作为层来理解的话，各部位就可以作为层的厚度方向的集合。该层的集合称为层构成。图 3 是 RC 结构的楼面，龙骨直接铺设在空铺木地板构造的地板饰面的层构成。

空间的分隔 – 图1

屋顶、地板、墙面、顶棚是分隔空间部位的名称,有的是表示表面,也有的是表示截面和厚度的,屋顶顶棚和楼板顶棚属于后者。

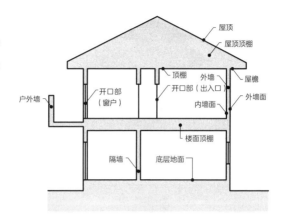

RC 墙的构成 – 图2

① RC 现浇清水墙

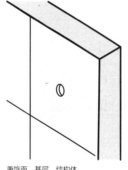

兼饰面、基层、结构体

② RC 结构的瓷砖贴面

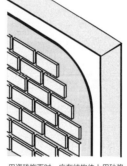

用瓷砖饰面时, 应在结构体上用砂浆做基层, 然后瓷砖贴面

层构成 – 图3

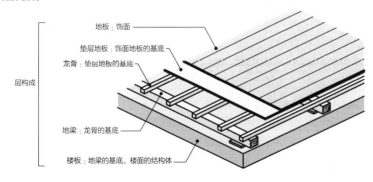

地板:饰面
垫层地板:饰面地板的基底
龙骨:垫层地板的基底
层构成
地梁:龙骨的基底
楼板:地梁的基底、楼面的结构体

002 构法概论

梁、柱构成的构架

框架结构式和承重墙结构式

 要点 ◆材料的短期容许应力比长期的大
◆独栋住宅普遍采用剪力撑结构,高层建筑普遍采用框架结构

荷载及外力的种类

由于对地面以外的部分,需要水平材料(一般称水平构件)来建造、支撑屋顶和楼面,支撑水平材料需要柱子和墙。由水平构件和柱子构成的架构称为框架结构式(图1,照片1),由水平构件和墙体构成的架构称为承重墙结构式(图2,照片2)。

结构体根据该构件的构成(固定荷载),或地板上的人和家具(活荷载)的情况,以及根据积雪时的积雪量(活荷载),发挥垂直作用力。另外,在发生台风和地震时,根据风速和地震震级的大小,发挥水平作用力。

固定荷载和活荷载称为恒荷载,风力和地震力称为暂时荷载(积雪荷载在多雪地区称为恒荷载,在其他地区称为暂时荷载)。应对恒荷载的是材料的长期容许应力,应对恒荷载和暂时荷载两种荷载的是短期容许应力。

框架和剪力撑

为应对这样的荷载、外力,采用柱和梁,或墙来应对垂直力,而对水平力,如采用墙体式,需要采用能够承受相应压力的墙。还有,框架式中把柱子和水平构件进行(连接角度不变)刚性连接,或合并使用斜撑或抵抗水平力的墙(抗震墙),必须采用其中之一的措施。前者的结构称为框架(Rahmen,德语中画框的意思)(图3)。后者的情况是构件与构件不采用刚性连接,使用可以旋转的铰接接合,这种将构件与斜撑、抗震墙组合而成的形式称为剪力撑(图4,照片3)。

后述的称为传统木结构的构法,一般是指剪力撑结构,而很多的 RC 建筑是框架结构。在钢结构中,很多预制构件住宅是采用剪力撑结构,办公大楼则普遍采用框架结构。

框架式（框架结构）- 图1

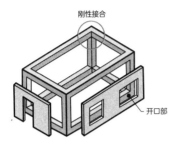

刚性接合

开口部

钢结构框架的柱、梁连接部 - 照片1

承重墙体式 - 图2

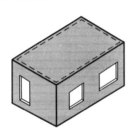

钢筋混凝土预制构件墙体（PCa）- 照片2

铰接与框架的区别 - 图3

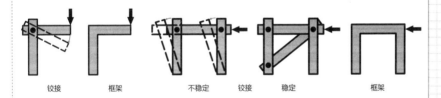

铰接　　　　框架　　　　　不稳定　　铰接　　稳定　　　　框架

框架式（剪力撑结构）- 图4

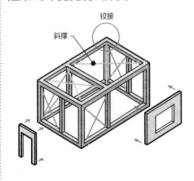

铰接

斜撑

钢结构剪力撑 - 照片3

照片：《JFE 框架组合》JFE 钢板株式会社

003 构法概论

利用桁架的构架

其结构和建造方法

 要点
◆有针对材料张拉性弱的桁架，也有考虑因受压而压曲的桁架
◆在教材的计算试题中，外力可以作用在节点上，但实际上是困难的

抗压采用短材，抗拉采用长材

以三角形为单位的骨架称为桁架。狭义上讲，把各构件的接合部作为柱销，仅在该节点上承受外力。在这种情况下，只对构件施加压缩或张拉的轴力而不产生弯曲，从而具有构件截面小型化的优势。

图1是具有代表性的平面桁架，该桁架是在前述的狭义情况下，可以用基础结构力学的知识求得轴力。

豪氏桁架（Howe truss）和普拉特桁架（Pratt truss）非常相似，后者垂直构件（支柱）可产生抗压力，斜撑材可产生张力。抗压和张拉等，对轴力的承受力取决于构件的横截面面积，但对于细长构件，在受压破坏前，由于压曲会造成弯曲破坏的可能性。在桁架中，常常采用抗压和张拉的受力大体相等的钢材和木材，要利用该特性，利用短柱进行抗压，利用长的构件进行张拉比较理想。在这个意义上，可以说普拉特桁架更为出色。

平面桁架可以通过三维构成立体桁架（照片）。由于立体桁架是由较多构件支撑的架构形式，因此可以采用小截面构件覆盖空间。

广义的桁架

实际使用的桁架不一定是狭义的类型。其典型的有被称为西式屋架的中柱屋架及双柱屋架的形式（如图2所示，屋顶荷载通过檩的配置对节点以外起作用），其形状分别与中柱桁架、双柱桁架相似。

一般来讲桁架接点采用自由转弯销是困难的。为避免产生弯曲应力，构件的重心线应集中在一点上。桁架与其他方式构件的连接也需要采用相同的办法。

平面桁架 – 图1

①中柱桁架　　　　　　　　　　②双柱桁架

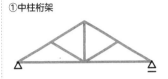

③豪氏桁架　　　　　　　　　　④普拉特桁架

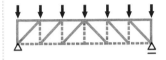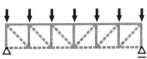

——— 受压
- - - - 张拉

立体桁架 – 照片

大阪世博会召开之际的庆典广场的屋顶，利用立体桁架屋顶可以建造宽畅的无柱空间

西式屋架 – 图2

①中柱屋架（中柱桁架）　　　　　　②对柱屋架（类似双柱桁架）

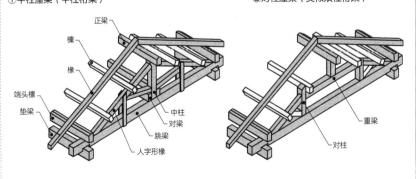

正梁
檩
椽
端头檩
垫梁
中柱
对梁
跳梁
人字形椽

重梁
对柱

004 构法概论

采用抗压材料的构架

拱解决的开口部

◆ 在砌筑墙上设置开口的体系可实现大空间
◆ 由于框架构件的不足，增加了砌筑结构，由于砌筑构件的制造（作为燃料），框架构件就减少

砌筑墙上设置的开口部

使用砖或石材砌筑墙的形式，除我国一部分地区外，是全球都普遍流行的结构形式。

在没有强震的地区，利用重力抵御风的压力，与结构体重量相比，人和家具的重量是微不足道的，因此可以说结构体的自立就意味着建筑物成立（砌筑完成后，如手离开不倒，即是半永久站立）。

最大的问题是墙上开洞，即设置开口部，其方法之一是在开口部设过梁（图1）。过梁会产生变形，其结果是变形的凸起部分产生张拉，凹陷部分产生压缩。一般来讲，石材等砌筑中使用的材料其张拉受压都极其有限，在大开口部使用过梁是不合适的。在没有钢材和RC的时代，用木材做过梁是有的，经过长年累月的腐蚀，建筑物整体有可能发生倒塌。

石材砌筑的创想

解决开口部问题的方法之一是设置拱。叠涩拱（图2）在产生的变形程度不大的情况下（主要是剪切力），可形成悬臂式开口部，楔块拱（图3）设法将压力集中在构件上。

通过设置拱，不仅可以在墙上设开口部，也可以通过将其连接，获得圆筒状的空间、穹隆。通过拱的旋转，也可获得独特的空间圆屋顶。这些架构形式在中世纪的欧洲教会建筑中结出了丰硕的果实（照片1）。

在以框架为主体的日本国，作为砌筑拱骨架的代表，仅限于眼镜桥（长崎县）等小规模的建筑，另外，山口县的锦带桥（照片2）是典型的采用木材、通过抗压非弯曲的拱架构案例。这些日本的拱架构都是近代以来的作品。

采用过梁的开口部 －图1

过梁

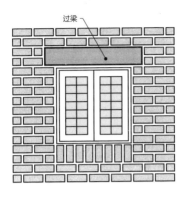

叠涩拱 －图2

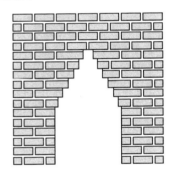

楔块拱 －图3

拱顶石

石材结构的圆屋顶／
修复中的圣索菲亚大教堂（土耳其）－照片1

木结构拱／
锦带桥（山口县）－照片2

005 构法概论

利用张拉构件的构架

材料的卓越性

要点
- ◆与抗弯、抗压相比，抗张拉在很多情况下更出色
- ◆即使称为张拉结构，檐下的抗压力（压缩木材）也是必要的

抗压比抗弯重要，抗张拉比抗压重要

作为在主体结构中的材料使用方法，相比抗弯形式，采用抗压形式更为优越。石料和砖等，抗压强度与张拉强度相比有很大的差异，即使在压缩力中抗压的拱架构也更有效。另一方面，钢材和木材等的抗压强度和张拉强度几乎相等，如果没有压曲的因素，作为材料的使用其抗张拉作用更为出色。

张弦梁（图）将抗弯和抗张拉进行调换，除桁架系梁和楼板梁以外，也可在垂直方向使用，以及在缩小开口部的竖框截面的情况下使用。

虽然不是建筑，吊桥（照片1）也是采用张拉木材的构架。在一般情况下，拿起线状物体的两端，使其下垂的话，就会在一定的曲线（称为下垂曲线）状态下稳定下来。在这样的情况下，线状物体上作用的就是张力。作为该思路的延伸支撑屋顶和楼板。

没有抗压构件就没有张拉结构

以张拉构件为中心的构架统称为张拉（tension）结构（照片1～照片3），不过为建造、支撑地面以外部分的屋顶和楼面，虽说是张力结构，但也必须使用支撑悬吊构件的柱子等抗压构件。可以说帐篷等从面上也应用了这一构思，慕尼黑奥林匹克运动场就是一个规模巨大的代表性案例。

另外，前述的拱几乎相当于倒置的下垂曲线的物体，在抗压力方面发挥着主要作用。

类似的想法有壳体结构。将屋顶和墙等做成三维的折叠板和曲面板，由于得到辅助板（面外）方向的刚性，主要负荷不是通过弯曲，而使通过非平面（面内）应力（轴力）来支撑。由于是薄壳结构，从防止龟裂的意义上在后续的论述中将尝试利用预应力（90页参照）方法。

张弦梁 - 图

→ 抗弯
→ 抗张拉

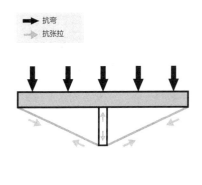

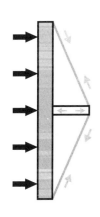

张拉结构 /
施工中的代代木体育馆（东京都）- 照片3

张拉结构 /
明石大桥（兵库县）- 照片1

张拉结构 /
慕尼黑奥林匹克运动场（德国）- 照片2

除 RC 结构或钢管柱外，还需要进行防止上浮的
基础锚固

006 构法概论

工法的原理

施工的 3 个范式

◆框架、现场浇筑、砌筑改变形式，超越时代
◆也是建造方法、组装方法及分割方法

构法与工法

实现预想"构法"的手段是"工法"，但在策划构法的阶段，当然也是边考虑工法边推进的。从这个立场来看，可以认为工法是构法的一个要素（立场不同，认识也不同）。在这里就形成空间的工法从原理上进行介绍。

图 1①是在现场将木材和钢材等组装起来，形成框架的框架式的工法。在连接方面，如木结构所谓的接头、榫头一样，有利用形状的方法，另外根据框架构件，主要使用钉、螺栓、熔接等。与表面材料并用的情况也很多。

图 1②是在规定位置上，预先将模板组装起来，将有流动性的混凝土在现场灌入其中（称浇筑），形成柱子、梁、楼板、墙等的整体式工法。在该位置硬化、固化，一般不需要连接材料，但作为建筑，为了获得必要的强度，常常需要利用钢材来增加强度。

图 1③是利用块状的石材或砖等，形成墙和柱子的砌筑式工法。在连接上采用互相嵌入，也有根据形状采取对应的方法的，一般使用砂浆和灰浆等粉刷材料。另外，对于地震等，要求高强度抗水平力的地域，如日本，需要采用钢材等来增加强度。

工业化的工法

以上是基本的工法，但如果考虑构件大小的话，除此之外有预制板式和盒子式等（图 2①②）。都是在建筑的规定位置以外的场所，对楼板和墙面预先制作成具有一定规模的大小（prefabrication，工厂的预制生产）之后，搬运至现场进行组装。预制面板由平面构成，盒子式由包括空间的构件构成。

传统工法 - 图1

①框架式

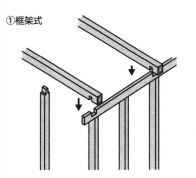

柱、梁等框架在现场组装，钢结构和传统木结构属于本施工方法

②整体式

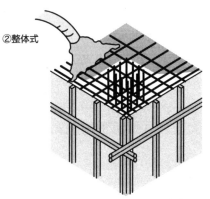

通过浇筑混凝土，使柱、梁、楼板、墙形成整体，这属于 RC 结构施工方法

③砌筑式

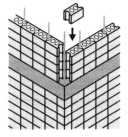

用水泥砂浆将砌块状的部件砌筑起来，砖结构、加强型混凝土砌块结构属于本施工方法

工业化工法
（工厂的预制生产）- 图2

①预制板式

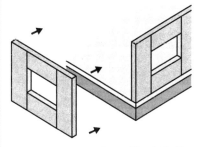

在工厂生产墙板、楼板、屋面等平面预制板，在现场进行组装

②盒子式

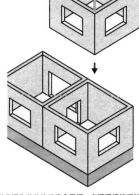

在工厂生产以房间为单位的三维盒子间，实现现场施工的省力化

007 构法概论

主体与材料

根据楼层采用不同材料

 要点

◆ 近年的趋势是木结构和钢结构为7成，RC结构为2成
◆ 用于超高层与用于低层的混凝土强度有很大的差异

结构、构法的整体形象

建筑的主体将根据主要的结构材料，分为木结构、钢结构、钢筋混凝土结构、钢结构 + 钢筋混凝土结构、砌筑结构等。

木结构、钢结构采用各自的木材成品材料，以及称为型钢的成品钢构。钢筋混凝土结构标记为 RC 结构。所谓 RC 结构，是 Reinforced Concrete 一词的简称。指使用称为钢筋的棒状的钢材加固的混凝土。钢构 + 钢筋混凝土结构用 SRC 表示。SRC 是 Steel Framed Reinforced Concrete 的简称，除钢筋和混凝土外，也使用型钢。

砌筑结构的材料有石材和砖、混凝土砌块等，砌筑是构成方法的称呼（可以说是石结构、砖结构等的总称）。表1是建筑物的结构、构法的整体形象，右侧一栏表示楼板、墙的部位结构呈线形还是面形的趋势。

木材与混凝土哪个更牢固

构成建筑物主体结构的主要材料是钢材、混凝土、木材。表2表示这些材料主要的物性值。这里所称的容许应力强度是考虑安全系数的强度。

近年来，也正在持续地进行超越 $100kN/mm^2$ 的高强度混凝土的尝试，但应该注意普通的混凝土在强度和刚性方面并不十分卓越。另外，木材因其纤维的方向和含水率，其强度有很大差异，在使用木材时，应特别注意这一点（参照 28 页）。

按照日本国建筑的结构类别的开工面积,钢结构比率大是一大特点（图1）。图2表示根据楼层开工面积所对应的结构类别的特征。即中高层主体是 RC 结构，钢结构能从低层主体到超高层广泛地应对，而因防火规范，木结构被限定于低层建筑。

建筑主体结构的整体形象 – 表1

（住宅）		梁柱式		承重墙结构	基底形状的趋势	
		框架结构	剪力撑结构		墙	楼板
木结构	传统	大截面集成材料	构架	2×4（框架墙）墙板 圆木结构	线形 面状	线形
钢结构	传统	框架 盒子单元	墙板并用	钢构房屋 墙板	线形	面状 线形
RC 结构	传统	柱梁式		墙式 大型墙板	面状	面状
SRC 结构		框架				
砌筑结构				加固 CB（*）		

材料的性质数据 – 表2

指标	单位	钢 SN400	混凝土 F=24	木材 柏树 甲种 1 级
长期容许张拉应力强度	N/mm²	156	0.8	8.4
长期容许抗压应力强度	N/mm²	156	8	11.2
密度	—	7.8	2.3	0.5
模量	$10^5 \times$ N/ mm²	2.1	0.23	0.09
线膨胀系数	10^{-6}/℃	12	10	5
热传导系数	W/（m·K）	53	1.6	0.12

注：长期容许应力强度以外的数值是普通数据。

按结构分类的开工面积 – 图1   图 1 按楼层分类的开工面积 – 图2

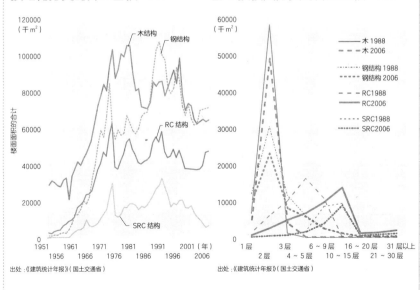

出处：《建筑统计年报》（国土交通省）　　　出处：《建筑统计年报》（国土交通省）

008 构法概论

设计、施工程序和构法

通向构法的各种路径

 要点
◆图纸比例尺越大越详细、越增加构法的用武之地
◆承担风险者必然会获得各种各样的回报

在设计阶段决定的构法

建筑设计是在用地和预算等条件下，为建造作为目标的建筑物，将各种信息具体化，集中表达在设计图上等一系列行为（图1）。

在讨论建筑规模及面积、预算等策划阶段，形态的意象，建筑主体结构的种类，以及梁跨度的原则等，是与构法相关的主要讨论课题。

在方案设计阶段，要讨论主要空间的大小和屋檐高度、层高，各空间的顶棚高度，另外，伴随结构和设备方式的探讨，从构法的角度，将讨论抗震墙的有无和设置原则，以及研究伴随配管方式在构法上的问题等。作为基本的问题除了要进行模数的调整外（参照234页），还要研究防火、耐火和保温措施等。

扩初设计阶段的很多工作与构法相关。建筑主体经过结构计算决定详细内容，再决定设备与机器及其位置、配管等。关于屋顶、地面、墙、顶棚等，从基底到饰面装饰的构成和节点处理，以至家具与设备机器、配管的接合部处理等都要确定。从规划到设计的各个阶段都会对施工方法进行讨论，最终在决定施工企业的阶段再进行检查（图2）。

构法的担当者们

设计规划构法的主要担当者一般也是设计师。另外，施工企业也通过施工方法参与构法业务。比起设计师、施工企业，材料、部品制造商发挥的作用更大。在对特定的建筑物采用新构法时，常常需要制造商给予技术支持，这样制造商会承担更多的责任，处理并索赔。但制造商可将这些经验作为技术研发进行积累，反映在现有的产品中。这样部品制造商，对于大部分的普通建筑物，可以局部地优先取得构法规划。

设计的程序 – 图1

规划	研究建筑物的目的、占地条件、工程预算、工期等，商定建筑物的功能、规模以及结构方式的基本方针和设计意向
方案设计	根据规划商定空间构成及设备内容，并大体决定主体结构以及外装等的概要
扩初设计	根据方案设计，商定发包和合同用的设计图纸

从扩初设计到施工图（施工阶段的调整）– 图2

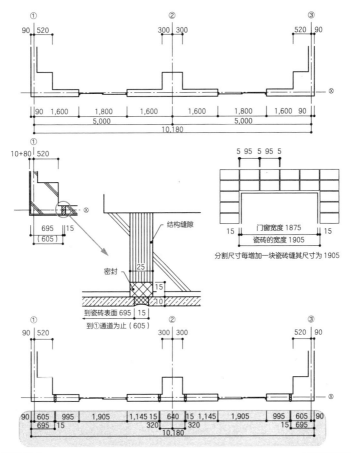

结构缝隙

密封

分割尺寸每增加一块瓷砖缝其尺寸为1905

门窗宽度1875
瓷砖的宽度1905

到瓷砖表面695 15
到①通道为止（605）

●在施工阶段讨论的构法　　　　　　　　　　　　　　　　▲表示结构缝隙

部品厂家在施工时，作为专业工程施工企业、分包工程施工企业在总承包施工企业的管理下，参与施工的主要部分。施工企业在施工中的 V.A（Value Analysis 价值分析：努力降低成本）之中，探讨更为合适的构法、工法。

出处：《实用建筑施工图》61～64页（中洋明夫等，市谷出版社）

构法的演变

年份	日本	世界
1851 年		伦敦世博会：铸铁水晶宫
1867 年		约瑟夫·莫尼耶：RC 结构花盆
1889 年		巴黎世博会：锻造钢埃菲尔铁塔
1894 年	秀英舍印刷工厂：钢结构	
1903 年		富兰克林街公寓：RC 结构
1905 年	海军工厂汽罐室：RC 结构	—
1914 年		第一次世界大战（～1918 年）
1919 年	市区建筑物法：建筑基准法的前身	
1923 年	关东大地震	—
1924 年		芝加哥 Tribune Tower：摩天大楼
1925 年	同润会：青山公寓	
1931 年		帝国大厦
1939 年		第二次世界大战
1950 年	建筑基准法（建筑规范）	—
1955 年	日本住宅公团成立	—
1959 年	大和 midget house：装配式住宅	—
1968 年	霞关大厦：超高层 / 十胜冲地震 / 东京奥运会	
1970 年	大阪世博会	
1974 年	木框架结构工法告示	
1979 年	节能法	
1980 年	新抗震设计法	
1984 年	日本住宅二次装修中心	
	（现在：住宅二次装修、纠纷处理支援中心）	
1989 年	建筑、设备维护保养推进会	
	（现在：建筑、设备维护保养推进协会）	
1995 年	阪神、淡路大地震	
1999 年	质量确保法	—

> 以两次石油危机为契机，制定了节能法，近来，环境已经成为人们关心的头等大事。加上阪神、淡路大地震，逐步实施了新的开发，为应对现有建筑物的改建、重建，构法的方向性发生了变化

时代向环境、改建、重建转变

以上是表示有关构法、施工方法的主要业绩年表。从中可以看到，明治维新以后日本实现钢结构和 RC 混凝土结构的水平离国际水平仅差咫尺，此后，又制定了作为建筑基准法（建筑规范）前身的市区建筑物法，由于受东京大地震影响，砌筑结构遭到了毁灭性破坏的缘故，RC 结构和 SRC 结构的采用等决定了构法的方向性。

二战后，公布了建筑基准法，由于日本住宅公团等需求的统一采购，加上建材、部件生产体制的完善，开始了住宅门窗、厨房设备的批量化生产。开发了轻钢龙骨的预制构件住宅，在高层宾馆中采用整体卫生间，此后又开发了住宅用的整体卫生间。住宅为普及建筑技术发挥着作用。之后又以东京奥运会和大阪世博会为契机，在整个建筑领域，推进了构法和工法的研发。

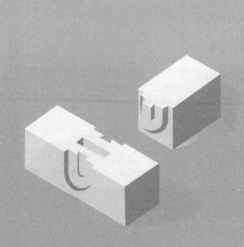

木结构的构法

009 木结构

作为结构材料的木材

木材的方向和强度

要点
◆为了持续地使用木材资源，必须保有适量的消费
◆木材的强度超乎人们的预想，但其强度因木材纤维的方向而不同

木材是环保材料

木材是可再生的建材。就其生长，一个说法认为二氧化碳是全球变暖原因之一，而木材可以吸收、固化二氧化碳，作为环保材料备受关注。木材如果不燃烧，二氧化碳就会被凝固下来，期待现有建筑物的再利用和旧木材的利用，以减轻废弃物处理的负荷。

日本的木材资源目前是丰富的，但由于所处位置条件及砍伐所需搬送的费用等劣于进口木材，使用停留在2成左右。为了维持管理木材资源，适量的消费是必要的，对就地取材的利用等，这需要跨地区、都道府县，以国家为单位着手推进。

关于木材强度的问题

作为结构材料使用的木材，与钢材相比其强度在1/10以下，其抗压强度相当于一般混凝土，其张拉强度比混凝土还强（参照23页表2）。而且，用密度除以强度的强度比，不亚于钢材，结构材料，特别作为解决自重问题的梁是极为出色的。由此日本从很早就将其作为主要的结构材料广泛使用。

但这些结构性能是由纤维方向决定的，与纤维成垂直方向的性能仅能达到纤维方向的1成或2成左右（图1）。采用五金件进行连接时与该纤维形成垂直方向的压缩，也就是"陷入"的强度会有问题。

木材的纤维方向的容许应力强度设定如下。

● 对长期产生的力的容许应力强度

$$f_L = 1.1 \setminus 3 \times F$$

● 对短期产生的力的容许应力强度

$$f_s = 2 \setminus 3 \times F$$

（F=基准强度）

强度受含水率的影响也很大。对于木材的绝对干燥重量的水分含有量的比率称为含水率，含水率越大强度就越低（图3）。

木材的方向性

与纤维方向构成的角度和强度比 - 图1

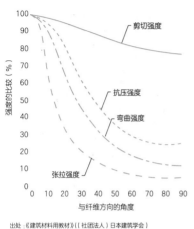

出处:《建筑材料用教材》((社团法人)日本建筑学会)

方向和名称 - 图2

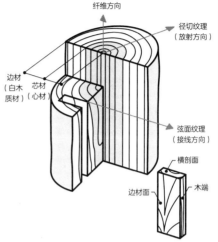

木材的强度

针叶树的结构用加工材料(目视等级区分)的标准强度事例 - 表

(平12建告1452号)

树种	区分	等级	标准材料强度[N/(m·m²)]			
			抗压 (F_c)	张拉 (F_t)	弯曲 (F_b)	剪切 (F_s)
美国花旗松	甲种结构材	1级	27.0	20.4	34.2	2.4
		2级	18.0	13.8	22.8	
		3级	13.8	10.8	17.4	
丝柏	甲种结构材	1级	30.6	22.8	38.4	2.1
		2级	27.0	20.4	34.2	
		3级	23.4	17.4	28.8	
铁杉	甲种结构材	1级	21.0	15.6	26.4	2.1
		2级	21.0	15.6	26.4	
		3级	17.4	13.2	21.6	
日本柳杉	甲种结构材	1级	21.6	16.2	27.0	1.8
		2级	20.6	15.6	25.8	
		3级	18.0	13.8	22.2	

木材的含水率和强度的关系 - 图3

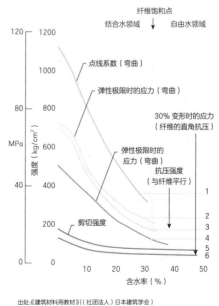

出处:《建筑材料用教材》((社团法人)日本建筑学会)

29

010 木结构

木材的弱点

防腐和耐火

要点
◆隔绝水和潮气能有效地防腐和防白蚁
◆木材是可燃的，但通过耐火涂层，就可以变成耐火木构建筑物

含水率和干燥

木材采伐后开始干燥，含水率下降，随之收缩。干燥收缩的程度如图 1 所示，如果将纤维方向作为 1，径切纹理为 5 ~ 10，弦切纹理是其 2 倍，因纤维方向有很大的差异。由于含水率超过百分之几十的活树作为结构木材实际使用，直至含水率百分之十几的稳定干燥状态，纤维和垂直方向有相当程度的收缩，将产生很大的张力，发生裂缝。因此，到木材加工、施工需要充分的时间来进行干燥。

从采伐到干燥过程前的木材称为原生材（Green Wood）。名字很好听，但使用时却要十分小心。人工干燥完毕的木材被称为 KD（Kind Dry Wood）。

木材长时间处于高含水率状态，就容易腐烂，也容易受白蚁的侵害。腐烂菌和白蚁的生长需要氧、食物和水，要杜绝前两条是困难的，因此在木结构中，寻求隔绝雨水、结露或各种潮气的办法是耐久性上的一大关键课题。

耐火涂层和燃去量设计

木材还有一个弱点就是怕火。这一点与钢材一样，一般采用耐火涂层（图 2），近几年，也认定了木结构的耐火建筑物。

此外，也有利用燃去量的方法（图 3）。木材遇到火灾后，由于其表面炭化，向内部燃烧的速度是每 30min 15 ~ 20mm 左右，比较缓慢，在稳定加热时，燃烧就会停止。就是利用其特性。实际上，1993 年燃去量设计的概念在建筑基准法中已经被采用，如果从柱子表面到内侧除去燃去量尺寸，在抗压上仍是有效的结构的话，就是 45min 的准耐火结构。这种木材只能在"外露规范"情况下使用。

干燥收缩的程度 - 图1

收缩的形状

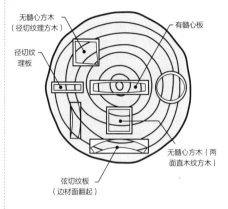

无髓心方木
（径切纹理方木）

有髓心板

径切纹
理板

无髓心方木（两
面直木纹方木）

弦切纹板
（边材面翻起）

含水率与变形的关系

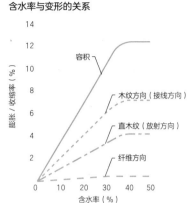

容积

木纹方向（接线方向）

直木纹（放射方向）

纤维方向

膨胀／收缩率（％）

含水率（％）

木材的耐火涂覆（准耐火结构）- 图2

厚12mm以上石膏板

厚9mm以上难燃复合板等

利用炭化的烧去量（准耐火结构）- 图3

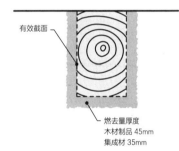

有效截面

燃去量厚度
木材制品 45mm
集成材 35mm

在公寓住宅中，建筑区域、用途区域、建筑规模与建筑物要求的耐火性能的关系 - 图4

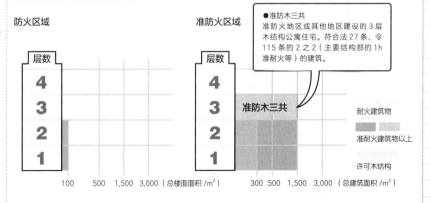

防火区域

准防火区域

●准防木三共
准防火地区或其他地区建设的3层
木结构公寓住宅。符合法27条、令
115条的2之2（主要结构部的1h
准耐火等）的建筑。

层数

层数

准防木三共

耐火建筑物

准耐火建筑物以上

许可木结构

100 500 1,500 3,000 （总楼面面积／m²）

300 500 1,500 3,000 （总建筑面积／m²）

011 木结构

传统的梁柱结构构法

何谓典型的住宅构法

要点
◆ 木结构的传统梁柱结构构法在日本也是最"常见"的构法
◆ 能满足自由平面布置、容易改变外观的"柱子为辅、水平构件为主"的结构

常见的依据

木结构名副其实是用木材支撑的建筑物。有传统梁柱构法和 2×4 建造法（简称 2×4 构法，法规上称框架剪力墙结构工法，参照 48 页），除圆木构法外，还有预制构件住宅制造厂的构法。独户住宅的构法也大多是木结构。

其中，既有的住宅数量、存量（图1）以及逐年建成的住宅数量、流通量（图2）中，在日本占比最大的是传统梁柱结构的住宅。所谓"传统"也就是被称作为"常见"的缘故。

尽管称为传统构法，与在现场绑扎钢筋，浇混凝土的现场浇筑的钢筋混凝土一样，地区、地域的传统，或供应的工务店和建造商等，有各种各样的变化。传统构法本来是在丰富木材、具有精湛技能的木工的支持下发展起来的，直至今日积累了各种的改良方法。以下是普遍认为的典型的住宅构法（图3）。

柱子、水平构件和斜撑

水平构件是柱子和柱子之间等水平架设材料的总称。在室内空间上贯通架设的材料称作梁，在墙的上部连接柱头的称为大梁等，根据其作用和使用的地点不同，有各种各样的称呼。

作为主体结构除柱子和梁以外，为抵御地震等的水平力，同时合并采用支撑即剪力撑和斜撑、角撑等的斜材。

普通的通柱常常在建筑物的四角左右，其他的是各楼层的柱子（叫管柱）。一般认为传统构法中，平面布局是自由的，外观改变也很是容易的，即所谓"柱子为辅，水平构件为主"，因此柱子的移动、配置比较自由。这个构思在很多装配式住宅的构法中被广泛采用，也是充分应对业主要求的主要原因。

住宅数、存量 – 图1

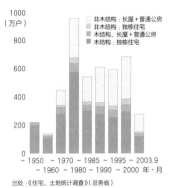

1000
（万户）

- 非木结构：长屋＋普通公房
- 非木结构：独栋住宅
- 木结构、长屋＋普通公房
- 木结构：独栋住宅

800

600

400

200

0
~1950 ~1970 ~1985 ~1995 2003.9
~1960 ~1980 ~1990 ~2000 年·月

出处：《住宅、土地统计调查》(总务省)

住宅数、流量 – 图2

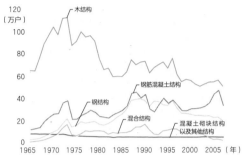

120
（万户）

100

80

60

40

20

0
1965 1970 1975 1980 1985 1990 1995 2000 2005 (年)

木结构
钢结构
钢筋混凝土结构
混合结构
混凝土砌块结构以及其他结构

出处：《住宅、土地统计调查》(总务省)

传统梁柱结构构法 – 图3

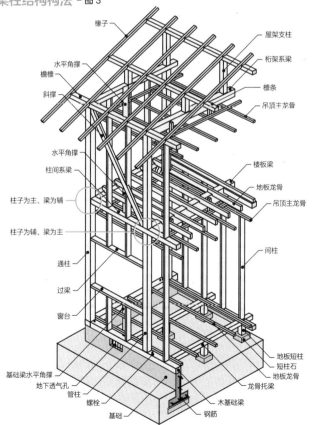

椽子
水平角撑
檐檩
斜撑
水平角撑
柱间系梁
柱子为主、梁为辅
柱子为辅、梁为主
通柱
过梁
窗台
基础梁水平角撑
地下透气孔
管柱
螺栓
基础

屋架支柱
桁架系梁
檩条
吊顶十龙骨
楼板梁
地板龙骨
吊顶主龙骨
间柱
地板短柱
短柱石
地板龙骨
龙骨托梁
木基础梁
钢筋

012 木结构

传统的屋架结构（日式屋架）

屋架梁支撑的结构

 ◆屋顶的荷载是通过檩—屋架短柱—屋架梁依次进行传递的
◆京吕组（桁露造：大栀搭在檐桁上的构造）是支撑柔性结构的屋架体系

传统构法的构成

传统构法通常是在水平方向上由上开始，构成屋顶的是屋架，构成二层地板的是上一层地板（参照38页），构成一层地板的是底层地板（参照40页），在同一垂直平面上，柱和横梁的构成是梁柱结构。这种情况下的梁柱结构是狭义的，而指整个主体结构的梁柱结构则是广义的。

日式屋架是依靠屋架梁（弯曲）支撑的

传统构法的屋架在很多情况下是能灵活地应对各种屋顶形状的，称为日式屋架的类型（图1）。通过椽—檩—屋架短柱传递而来的荷载通过弯曲的桁架系梁（有的是木筋隔墙的上槛）承重，屋架梁由柱或水平构件的屋檐横梁（外围部）、中间托梁（中间部）来支撑。另外，为了确保屋架的水平刚性，需要设置屋架横撑、屋架斜撑、水平斜撑等。

由外围部屋檐横梁承载屋架的结构称为京吕组（图2），由柱子承载的结构称为折置组（折置组：桁架系梁在柱头上，采用双重榫搭接的结构）（图3）。从力学的角度看，由柱子直接承载屋顶荷载的折置组比较可靠，但在这种情况下，柱子的位置需要与屋架对齐。传统构法的特征之一是柱子的不规则配置及容易改变外观。因此，在柔韧性方面，京吕组更为出色，现在京吕组成为主流。

部件截面用跨度表进行检查

居住类的建筑物，檩按0.9m（3尺）~1.8m（1间）间距进行配置。是支撑构件的立柱和立柱的间距，即其截面是根据跨度设置的，但一般针对屋架短柱，使用比柱子小一圈约90mm的方木。

屋架梁按约1.8m的间距配置。该剖面与外围的屋檐横梁相同，源于屋顶饰面即屋面材料，以及支撑材与支撑材之间的间距（表）。

日式屋架的透视图（山形屋顶）-图1

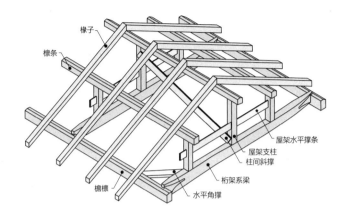

椽子

檩条

屋架水平撑条
屋架支柱
柱间斜撑
桁架系梁
水平角撑
檐檩

京吕组（桁露造）-图2

桁架系梁

檐檩

折置组 -图3

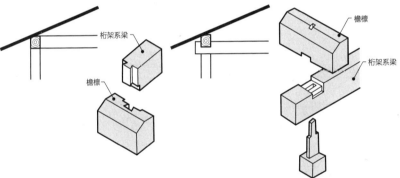

檐檩

桁架系梁

桁架系梁截面简表（实例）-表

● 设计条件

适用范围：一般地区（由于屋顶坡度积雪荷载有所降低）檩条间距 0.91m、

桁架系梁间距 1.82m。

挠度限制：固定荷载的跨度为 1/150 以下

固定＋积雪荷载的跨度为 1/100 以下

建设地（积雪量）	屋面种类 （屋顶坡度）	桁架系梁跨度（m）	桁架系梁截面，宽 × 高度（mm）	
			无等级材料，针叶树（美国柳松）	
			根据强度的截面	根据挠度限制的截面
一般地区 （50cm）	铺瓦屋面 （4/10 ~ 5/10）	1.82	105×105 120×120	105×105 120×120
		2.73	105×120 120×120	105×135 120×135
		3.64	105×180 120×150	105×180 120×180

出处：《基于木结构住宅的结构稳定规范的梁和基础的跨度表》（财团法人日本住宅、木材技术中心）

013 木结构

传统的屋架结构（西式屋架、椽屋架等）

广泛采用的桁架

 要点

◆屋顶的荷载由包括檩和人字木的整个屋架进行支撑
◆在文明开化期（1870年代上半期～1887年左右），文物修复采用了钢构屋架（桁架）

西式屋架中人字木是主要部分

用桁架的原理支撑屋顶的方式是西式屋架（图1）。各接点从严格的意义讲，不是铰接，不过，作为水平构件的系梁，主要不是抗弯，而是抗张拉的部件，人字木是作为抗压部件发挥作用。

另外，作为斜撑构件的角撑主要是抗压，作为垂直构件的短柱主要发挥张拉力作用。其结果，作为张拉构件的系梁和短柱，与抗压构件的人字木和角撑相比，其构件截面要小。但也有使用较细的钢材的，这与西式屋架截然不同。再者，东大寺、金堂（大佛殿）的屋顶修建也采用了钢构桁架。

单立柱屋架和双立柱屋架

西式屋架中，使用最多的是单立柱屋架。单立柱位于桁架中间的位置，其结构顾名思义是中柱桁架（图2）。

两端由设置在柱头上的枕梁支撑。

但也要取决于檩等承受屋顶负荷的位置，轴力为主，必要的部件剖面不会因为跨度的大小而发生大改变，适用于大跨度骨架。

顺便说明，尽管双立柱屋架类似双柱桁架，但严格地说不是桁架。如果想要利用阁楼，可将双立柱屋架的高度抬高（参照15页图2）。

椽子和叉手支撑的屋顶

此外，在小规模的情况下，也有利用屋顶基层的椽子作为屋顶结构的椽子屋架的（图3）。将椽子的截面加大，形成三角形桁架，该空间可作为住宅的阁楼使用。屋脊部分除有连接桁架间的檩条以外，还有独立柱支撑栋梁的类型，也有以短柱支撑栋梁的中柱桁架的类型等。

在称作叉手的斜梁上，搭设毛竹后，再铺茅草的叉手结构是日本传统的屋架，常被使用在人字木构造上（图4）。

西式屋架 – 图1

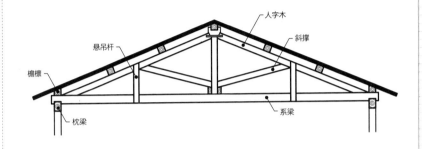

人字木

斜撑

悬吊杆

檩檩

系梁

枕梁

中柱桁架构件所产生的应力 – 图2

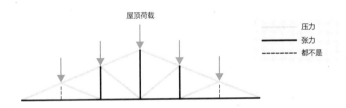

屋顶荷载

压力
张力
都不是

联椽屋架 – 图3

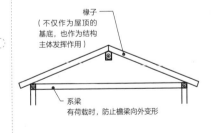

椽子
（不仅作为屋顶的
基底，也作为结构
主体发挥作用）

系梁
有荷载时，防止檐梁向外变形

叉手结构（合掌式）– 图4

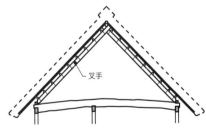

叉手

014 木结构

传统的上层楼板构造

被重新认识的楼板构造的传统构法

 要点
◆为确保水平刚性、省略格栅等，持续地进行反复试验
◆由梁承受楼面荷载是不变的

向预制加工发展

传统构法的上层楼板构造要承载格栅、楼板梁以及地板和地板以上的荷载，楼板梁由柱或隔墙上槛、系梁（外围部）承载的方式是一般做法（图1）。对于楼板梁及系梁等的截面，尽管可参照简表，但实际架构是非常复杂的。近年来，开展了所谓的预制加工，木材加工厂商在工厂加工接头、榫卯的方式已经十分普及，届时，利用计算机进行截面设计的情况也很普遍。这种情况在桁架系梁等方面也是同样。

曾经为应对地震，确保水平刚性，将水平力传递到斜撑上，在梁的四角配置斜撑和水平角撑，也是受2×4构法的影响。近年来，采取将地板格栅和地板梁的上端找齐，将胶合板及板材精准加以固定的方法得到了广泛的普及（图2）。

多种楼板构造的共存

另外，最近省略格栅，铺2倍厚的板材或胶合板，直接在楼板梁上铺设的方法也在进行试验（图3）。一般楼板的间距为1.8m左右（1间）；而在这种情况下，为0.9m左右。这种上层楼板构法在一般民宅中也可以看到。

本来传统构法的基础是平房，一层楼，很少深入地去研究上层楼板构造。可是近年来，在对传统构法进行重新认识中，应用了民宅构法中无格栅构法，也有为确保楼板的刚性等，受2×4构法的影响，将格栅和梁等水平构件的上端找齐，尝试着各种各样的做法。

作为楼板梁，采用轻质型钢的槽型钢，该钢材作为结构材料取决于性价比的高低（相比成本，可实现大跨度）。此外，对于由钢制梁向木柱的力传导（图4），充分考虑由于木材与钢材受潮的状况不同，产生的结露和最终的锈蚀（钢材）、腐朽（木材）等，可以说是必要的选择。

上层楼板构造 - 图1

结构用胶合板 12mm

楼板梁
水平角撑
地板格栅
系梁

刚性地板 - 图2

地板格栅 @303 ~ 455

无格栅刚性地板 - 图3

结构用胶合板

楼板梁 @910

厚度
@：间距

槽钢梁 - 图4

垫块木
槽形钢梁
系梁
夹板

楼板梁截面简表（实例）- 表

● 设计条件

适用范围：地板的小梁间距 1.82m，不承受屋顶荷载

挠度限制：相对固定荷载，跨度为 1/150 以下

对于固定 + 积雪荷载（600N/m²），跨度为 1/250 以下

有无支撑的楼板梁	楼板梁跨度（m）	楼板梁截面，宽 × 高度（mm）	
		无等级材料，针叶树（美国黄松）	
		根据强度的截面	根据挠度限制的截面
支撑其他的楼板梁（支撑的楼板梁的跨度 3.64m）	2.73	105×270 120×240	105×240 120×240
	3.64	105×300 120×300	105×330 120×300
不支撑其他的楼板梁	2.73	105×180 120×150	105×180 120×180
	3.64	105×210 120×210	105×240 120×210

出处：《基于木结构住宅的结构稳定规范的梁和基础的跨度表》（财团法人日本住宅、木材技术中心等）

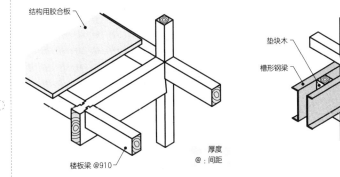

015 木结构

传统的底层地板构造

从基础到构法的开发

要点
◆承受地板负荷的受力传递依次为格栅托梁—地板支柱—支柱垫石为原则
◆考虑抗震性的条形基础，重要的是不破坏耐久性的解决对策

底层地板构造的基本构成

底层地板的基底构造由地板格栅、格栅托梁、地板支柱、支柱垫石、地基构成。为了确保抗震性能，必须设置地梁，外围部和主要的隔墙由地梁及条形基础支撑，地板格栅架设在地梁上（图1）。

为了防止由于地震和台风的作用引起的错位和拔起等结构破坏，应使用直径不小于13mm的地梁锚栓固定在条形基础上。锚栓间距不大于2.7m，设置在结构上重要的柱子和地梁节点连接处。有剪力墙的部分应根据情况的不同，使用紧固件，夹住地梁，直接连接在柱子和基础上。

为确保水平刚度，在地梁（条形基础）的角部设置基础梁水平角撑，但考虑到条形基础刚度差异，效果如何还有待进一步考证。另外，地板支柱上设置的支柱间使用横木支撑（通常是贯通的横撑，但由于支柱的高度不足，常常使用拼接板）进行加固。

构法研发的重点部位

由于地板下较潮湿，要防止地板结构的腐蚀，需要进行地板下的通风；另一方面，地梁应使用丝柏、罗汉柏等材料，经过高压防腐剂浸渍，进行防腐、防白蚁处理。

底层地板构造，近几年采取了以下五种方法：①为了抵御地基的潮湿，在地板下面整体浇筑厚6cm左右的防潮混凝土；②由于地板下的通风口周围配筋很困难，常常容易开裂，仿照以往的架空地梁，将合成树脂的小垫片塞入地梁和基础顶端之间（图2）；③一般按间距约0.9cm配置地板格栅托梁，可不使用地板格栅，直接铺设较厚的胶合板；④格栅托梁的间距为1.8m，仿照上层楼板构造铺设地板格栅；⑤不采用柱状的木材，而是用长螺栓将地板支柱直接固定在混凝土上。

底层楼板构造 - 图1

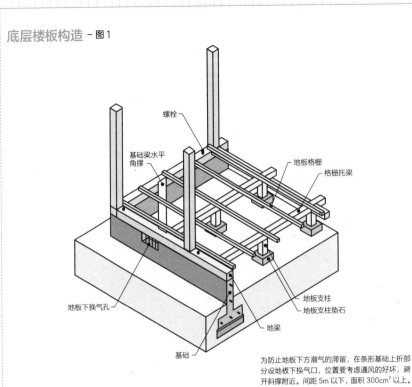

螺栓

基础梁水平角撑

地板格栅

格栅托梁

地板下换气孔

地板支柱

地板支柱垫石

地梁

基础

为防止地板下方潮气的滞留，在条形基础上折部分设地板下换气口，位置要考虑通风的好坏，避开斜撑附近。间距5m以下，面积300cm²以上。

筏形基础

筏形基础 + 架空地梁结构 - 图2

架空地梁
（基础的垫片）

螺栓

筏形基础

钢筋

架空地梁和紧固件的实例 - 照片

基础和地梁之间塞入树脂垫隔离片，利用该缝隙进行换气。对于软地基基础上建造的建筑物，为防止不同程度的沉降，普遍采用筏形基础，又能做到地板下的防潮。近年来，几乎都采用筏形基础 + 架空地梁方式。

016 木结构

传统的梁柱结构

抵御地震和风压的智慧

 要点
◆抗压要素一般集中控制在4寸（约120mm）梁柱结构范围内
◆抗水平力要素除多种斜撑外，还有面材、横撑等多种

注意通柱在抗震方面的使用

柱子是将荷载外力传递到地梁的垂直构件，除设置在角部和墙体交叉部位外，还有设置在距离墙体长度超过1.8m的中间部位。柱子分为贯通几个楼层的通柱和被横梁、楼板分割的短柱。通柱为将主体结构整体形成一体化，设置在主要的角部，由于要连接横梁、楼板梁，截面受损比较严重，地震来袭时容易折断，常常是导致房屋倒塌的元凶。因此，很多情况下考虑采用比短柱的截面更大的材料，榫头上下错位，不设斜撑等（图1）。

横梁是连接柱头的水平构件。檐檩位于外围部，是承载屋架的构件。主要按开间方向设置。柱间系梁位于外围部，是设置在上层和下层短柱之间的水平构件，隔墙横梁位于隔墙的顶部，连接柱子。隔墙下方自然需要桁、梁或地梁。

剪力墙就是抗震墙

斜撑（Brace）是对角设置在由柱子、桁、柱间系梁、地梁构成的主体结构上，以抵御由于地震和风压而产生的水平力。

设置部分加固角部的斜撑，其中垂直结构平面的构件是斜撑，水平结构平面的构件是基础梁水平角撑（图2）。横撑也有同样的作用，近年逐渐地被重新认识（图3）。

斜撑等垂直面的水平抗压要素统称为剪力墙，该要素的必要长度在表1中有相应的规定，相对于地震的强度，地面面积的必要长度，以及相对于风的压力，每个方向受风面积的必要长度，都要根据开间方向和进深方向进行探讨。

剪力墙重要的是平面分布要均衡，不能有偏移（各层、各方向偏心率在0.3以下），与立体相关的水平构件的截面、柱与水平构件的连接方法等也需要充分考虑（表2）。

通柱、柱间系梁、梁的榫口 - 图1

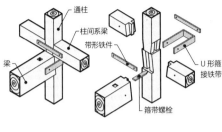

通柱
柱间系梁
带形铁件
梁
U形箍接铁带
箍带螺栓

水平方向上下错位

横档的种类和与柱的连接 - 图3

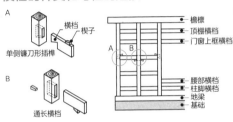

A
横档
楔子
单侧镰刀形插榫

B
通长横档

檐標
顶棚横档
门窗上框横档
腰部横档
柱脚横档
地梁
基础

A B

斜撑、水平角撑 - 图2

水平角撑
檐標
斜撑
通柱
柱间系梁
水平角撑
楼板梁
角隅斜梁
短柱

采用剪力墙以及斜撑构架关键部位的有效长度 - 表1

①相对于地震强度
（墙的长度 [cm]）/ 地面面积 [cm²]

屋顶重量 按楼层分类		比较重的屋顶	轻质屋顶
平房		15	11
2 层楼	一层	33	29
	二层	21	15
3 层楼	一层	50	46
	二层	39	34
	三层	24	18

注：松软地基是上述值的 1.5 倍，楼层的计算中未包括地下室。

②针对风压
（墙的长度 [cm]）/ 地面面积 [m²]

强风地区	50 ~ 75（根据以往的强风记录制定的）
强风地区以外	50

注：受风面积是根据该楼层面积，取 1.35m 以上高度部分的值。

剪力墙以及采用斜撑的构架所需的有效长度计算所采用的倍率 - 表2

剪力墙及斜撑的构法			倍率
斜撑	15mm 以上 ×90mm 以上的木材或 9mm 直径以上的条钢	1 个方向	1.0
		剪力撑	2.0
	30mm 以上 ×90mm 以上的木材	1 个方向	1.5
		剪力撑	3.0
	45mm 以上 ×90mm 以上的木材	1 个方向	2.0
		剪力撑	4.0
	90mm 以上 ×90mm 以上的木材	1 个方向	3.0
		剪力撑（＊）	5.0
粉刷墙	两面粉刷	粉刷墙的粉刷厚度 7cm 以上	1.5
	单面粉刷	粉刷墙的粉刷厚度 5.5cm 以上	1.0
灰板条墙	单面粉刷		0.5
	两面粉刷		1.0
其他	国土交通大臣认可具有与上述内容同等的抗压能力的主体结构。注：譬如设置厚 5mm 以上的结构用胶合板、使用 N50 的钉子、15cm 以下的间距、固定在柱、间柱、梁、桁、地梁的单侧墙的主体结构的倍率是 2.5 倍		0.5 ~ 5.0
并用	在斜撑的基础上，再结合使用粉刷墙或灰板条墙的情况（＊除外）		以上的和

根据剪力墙的各种受压性能，剪力墙长度的计算中使用的有效倍率如上述要求规定。

2

木结构的构法

017 木结构

传统的接头和榫卯

木匠变成木构件组装工

 要点 ◆为弥补技能退化的木器加工机械和五金固定件进一步导致了技能的退化

接头和榫卯

一般是将产品的标准尺寸的木材的端部加工后进行连接。连接有两种方法，将两个部件直线连接的是接头，数个部件以不同角度进行连接的是榫卯。接头大多用在檩、桁、梁、柱间系梁、格栅托梁、地梁等水平构件上。部件重叠交叉的榫卯，一般使用在相嵌接合、相交搭接，而部件和部件形成 T 字形的榫卯采用透榫接合和插榫接合等。

根据连接部位作用的外力，在表露的情况下，要考虑连接部位的美观和部件的外溢，选择适当的接头和榫卯。以往，接头和榫卯的加工都是由熟练的木匠手工制作，但近年来，在工厂进行机械加工，也就是工厂加工的制品被广泛使用。

下表所示是典型的接头和榫卯，绝大多数采用燕尾榫接合、银锭榫接合、燕尾插榫接合，大部分的木制品加工机械都可以针对各种形式部件的截面进行加工。

五金加固件的利用

以前的日本，大量采用高精度加工的接头和榫卯，不使用五金件。可是近年来，由于部件截面变小，加之从确保抗震性能的观点出发，需要使用加固型五金件，并已经出台了告示（2000 年建设省告示 1490 号）（图、照片）。另一方面，也指出了因五金加固件与木材强度差所引起的木材断裂、由结露造成的木材腐烂、五金件的锈蚀等问题。

带形铁件、直角角码和 U 形箍接铁带等，用螺栓和钉子固定。螺栓能承受较强的力，但另一方面，与五金件相比它可以嵌入强度差的木材的深处，作为对策需要使用足够的垫圈，注意初期变形大等特点。

还有，钉子很简便，根据个数可获得到较高的强度，但不容易拔出，使用时需要考虑力的方向。

有代表性的接头和榫卯 - 表

	传统的手工制品	机械加工产品
燕尾榫接合		
银锭榫接合		
燕尾插榫接合（榫卯）		

斜撑的榫卯 - 图

斜撑加固板
（M12 自攻螺钉固定）

斜撑
（45mm 以上 ×
90mm 以上）
锚栓

护角加固件
（直接钉钉子）

在斜撑的端部等，部件倾
斜交叉部分的五金加固件
的榫卯实例

钢水平隅撑、斜撑五金件的榫卯施工实例 - 照片

018 木结构

传统梁柱结构的施工

结构设计的转变，施工的变化

 要点
◆木工从指挥建筑整体的立场，逐渐向木结构专业工种转变
◆木结构的结构设计，从委托施工者向委托材料厂家转型

构件的选定

传统构法住宅的柱子为边长约120mm的方木料，以此尺寸为前提制订方案。

在传统构法的构件中，地梁是与柱子同样的尺寸，檩条、屋架支柱、地板格栅托梁、地板下短柱等尺寸，根据其间距和支撑材料的间距决定。一般来讲，使用比柱子小一圈的材料。

另一方面，梁等水平构件为一边（梁宽）约120mm，另一边（梁高）约120～300mm的构件（表、图1），根据跨度等架构条件选用。有的尽管水平构件有充分的强度，其挠度成为问题，因此规定楼板梁为L/250，屋架梁为L/150。（L是跨度，为支撑构件和支撑构件的间距）。此外，木结构建筑，需要注意因长期负荷发生变形增大的"潜变现象"。

住宅的施工顺序和木工的工作

住宅开发建设公司和中小住宅建设公司等具有独自选定部件的系统。另一方面，只要有一份图纸，就可以从木材加工厂家买到已加工好的接头和榫卯的"合适的"截面构件。木结构的设计，在以前很多情况下，往往是业主委托给施工公司，而不是设计者，而现在多委托给材料厂家。

普通的住宅中，基础完成后，用一天时间就可将骨架、上层地板结构、屋架以及大梁组装完成（所谓的组装、上梁，图2）。之后，屋面铺设完毕，主体结构完成后，进行斜撑、中间柱、底层地板构造等的工程。最后是各部位的地下及装修的施工，依照设备的配线、配管和机器的安装等工序进行，直到竣工。

在木结构建筑物中，承担木材的加工和组装、连接工作的是木工。普通的住宅的工期是3～5个月。

在基础工程中，定尺寸、加工接头和榫卯等工作以前需要在临时工棚里进行，但现在这些需要熟练技术的作业，可以采用由木制品加工机械完成的部件，绝大部分已经不需要了。

46

木结构传统构法住宅小梁的截面案例 – 表

挠度限制：针对固定＋活荷载（600N/m²），跨度为1/250 以下

地面小梁的 间距（m）	地面小梁的 跨度（m）	地面小梁的截面	
		无等级材料，针叶树（美国柳松）	
		根据强度的截面	根据挠度限制的截面
1.82	2.73	105×180 120×170	105×180 120×180
	3.64	105×210 120×210	105×240 120×210
	4.55	105×270 120×270	105×270 120×270

出处：《根据有关木结构住宅结构稳定规范的梁和基础的跨度表》(财团法人日本住宅、木材技术中心)

实际的架构由于要应对地块狭窄等，情况是复杂的，很难完全照搬跨度表实施。

梁构件的截面尺寸实例 – 图1

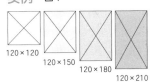

120×120　120×150　120×180　120×210

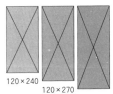

120×240　120×270　120×300

木结构住宅的施工工程 – 图2

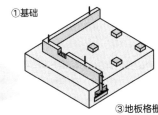

①基础

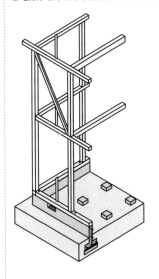

②地梁、柱、梁、斜撑等的结构构件（主构件）

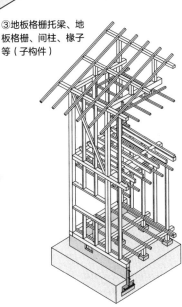

③地板格栅托梁、地板格栅、间柱、椽子等（子构件）

019 木结构

2×4 构法

不受熟练程度制约的构法

 要点
◆ 2×4是主要构件的名称，不是实际的尺寸
◆ 法律用语为框架墙"工法"，是1974年开始正式使用的

使用构件的尺寸

起源于北美的2×4构法（框架墙工法）有两种形式：一种是以一个楼层的框架墙为单元，将刚性楼面作为工作面设置的平台式构法（platform construction，参照51页图1）；另一种是将两个楼层整体进行边框设置的轻质骨架构法（balloon construction，图1）。现在日本既有建筑几乎都是1974年正式推广（没有特别资质的企业也可以建造）的、采用前者的形式。

具有代表性的构件截面是作为纵框使用的2in×4in。实际上，考虑到在木材加工过程中的减少以及由于干燥程度的变化等，JAS（日本农林规范）中规定干燥材料厚38mm、宽89mm。此外，为进一步提高墙的保温性能，以寒冷地区为中心，将2in×6in的方木料作为墙的边框的做法被广泛采用。

图2和表是使用的具有代表性的构件截面尺寸。

引进日本时的注意点

这种构件不仅种类极少，而且不使用接头和榫卯等，由于其方法只是将简单的切割面用钉子和五金件进行连接，由此认为2×4构法，即使是非熟练工也能保证一定水平的质量。

另外，将建好的地板作为工作台，将墙的框架进行组装的工法也可有效地提高生产效率，2×4构法近几年在日本也得到了广泛的普及。但该工法到封顶之前需要数日，在多雨的日本，需要考虑对应工程的时机和降雨情况。

为应对日本独特的情况，可使用适用于地梁的404木料（4in×4in）。404木料考虑了湿度高、标准含水率高的日本的气象条件以及注重了耐久性。

再者，在北美地下室很普及，而在日本没有北美那么多，地梁周围的构法也存在很大的差异（参照50页）。

轻直骨架构法 - 图1

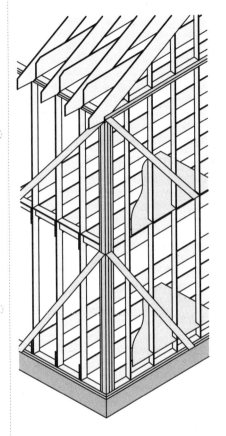

2×4 构法中主要木料的
截面 - 图2

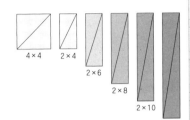

4×4　2×4　2×6　2×8　2×10　2×12

（单位：英寸）

结构用木料尺寸的形式
和截面 - 表

尺寸形式	公称截面 宽 × 高（mm）	实际截面 宽 × 高（mm）
404	90×90	89×89
204	40×90	38×89
206	40×143	38×140
208	40×190	38×184
210	40×241	38×235
212	40×292	38×286

注：地板格栅和地板胶合板用钉子和胶粘剂连接的情况下，可使用的间距可以更大。

地板结构中，可使用 2in×8in、2in×10in、2in×12in 等的木料，分别标记为 208、210、212 等。

采用 2×4 构法（平台式构法）
的施工场面 - 照片

正在施工中的一层框架墙

020 木结构

2×4 构法的各部位

传统构法的应用、对传统构法的影响

 要点
◆平台既是地板基底，又是作业地面
◆所谓框架墙就是指竖框、上框、下框，有的情况下也指张贴了胶合板的墙面

2×4 构法的施工概要

尽管是北美的传统构法，但由于受一时盛行的输入住宅的影响和传统梁柱结构的应用等，现在可以从日本称为 2×4 的各部位构法中看到多种差异。

原本的 2×4 构法，标准做法是用防水纸包裹住经防腐处理的地梁，再用锚栓固定在（地板下面设置了通风口）条形基础上，但现在的做法与梁柱结构构法相同，很多是采用合成树脂制成的密封圈的"架空地梁"。在地梁上铺设地板格栅，但外围部铺设边格栅和端头格栅，为防止地板格栅位移，在地板格栅之间设置檐托。在地板格栅的上面铺设结构用的胶合板，构成地板和平台。

如设地下室，与后述的上层地板相同，在地梁间架设 206 ~ 212 木地板格栅。不设地下室的，与传统梁柱结构构法相同，204 木料的木格栅由龙骨托梁和地板短柱承载（图1、图2）。

地板完工后，在此基础上使用 204 木料制作边框、上框、下框、包括开口部等规定的（根据情况也可贴石板）框架墙，建好后固定。另外，传统梁柱结构构法中，设有柱子的墙体交叉部，根据需要追加边框材料，作为合成角柱。

相邻的框架墙采用头部连接。此后，在头部连接上，根据跨度，架设截面尺寸 206 ~ 212 的木地板格栅（在格栅之间设置檐托），在此张贴胶合板，形成下一个平台（图1、图2）。

屋架是由椽子在顶棚龙骨形成桁架，再张贴胶合板（图1、图2）。也有在工厂和现场制作桁架，架设在外周的端部（排椽屋架）等方法。

在 2×4 构法中，利用胶合板确保水平刚性和各种加固用五金件等做法，对传统的梁柱构法的主体结构产生了很大的影响。此外，张贴在开口部周围的防水胶带等，其影响也会涉及多个方面。

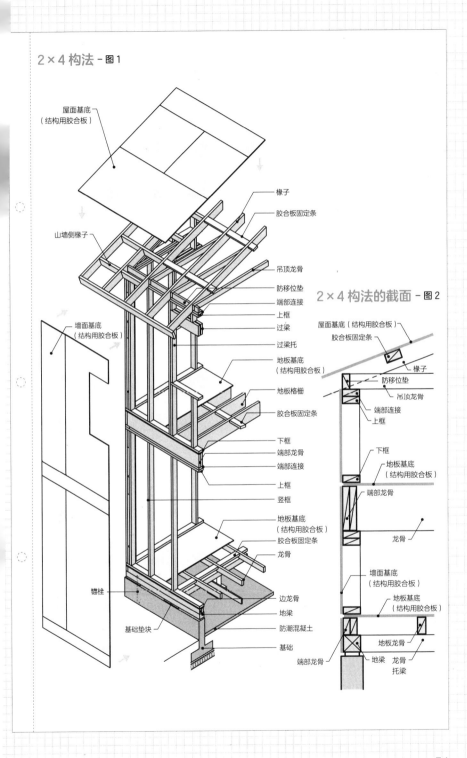

2×4构法 - 图1

- 屋面基底（结构用胶合板）
- 椽子
- 胶合板固定条
- 山墙侧椽子
- 吊顶龙骨
- 防移位垫
- 端部连接
- 上框
- 过梁
- 过梁托
- 墙面基底（结构用胶合板）
- 地板基底（结构用胶合板）
- 地板格栅
- 胶合板固定条
- 下框
- 端部龙骨
- 端部连接
- 上框
- 竖框
- 地板基底（结构用胶合板）
- 胶合板固定条
- 龙骨
- 锚栓
- 边龙骨
- 地梁
- 基础垫块
- 防潮混凝土
- 基础

2×4 构法的截面 - 图2

- 屋面基底（结构用胶合板）
- 胶合板固定条
- 椽子
- 防移位垫
- 吊顶龙骨
- 端部连接
- 上框
- 下框
- 地板基底（结构用胶合板）
- 端部龙骨
- 龙骨
- 墙面基底（结构用胶合板）
- 地板基底（结构用胶合板）
- 地板龙骨
- 端部龙骨
- 地梁
- 龙骨
- 托梁

2

木结构的构法

51

021　木结构

其他木结构构法

圆木井干式结构构法和框架结构

要点
◆圆木井干式结构构法，在告示的范围层面是乏味的
◆以传统为基础的预制木构件和与传统截然不同的框架结构

圆木井干式结构构法

　　除了前项解说以外的木结构构法，还有 1986 年（2002 年重新修订）公布的将圆木构件水平叠置的圆木井干式结构构法（图 1）。对于地震等侧向力，日本独特的做法是在构件的交叉部位、承重墙以及开口部周围采用贯通上下的通长螺栓进行加固。

　　强度、刚性和干燥收缩等方面，是木材在使用上的不利之处，在法规上，未经过阻燃处理的材料是不能在市区建设中使用的。这种构法在采用中存在着各种应该注意的问题，也称为圆木房屋较受青睐。

　　历史上被称作校仓（井干式结构）的房屋，是由称为"校木"的井干式木墙用圆木在交叉部相互咬合，墙体按井字形不留间隙地叠积起来的建筑，利用暗咬口的原理使其稳定（图 2）。

框架结构

　　相对铰接、斜撑的传统梁柱结构，

也有梁柱节点刚性连接的木结构框架。作为框架架构有一个方向是框架结构，另一个方向是铰接、斜撑形式的结构和双向都是框架形式的结构。

　　前者的典型做法用图 3 表示，将后述钢结构的山形框架（参照 72 页）的钢材换成结构用的层积材。层积材应按照结构需要的形状进行制作和利用。

　　图 4 是后者的例子之一。是使用轴向螺栓连接的框架架构的案例，用在比住宅规模大的建筑物上。

　　图 5 是使用了五金加固件的梁柱连接节点和柱脚的典型例子，与一般的传统梁柱结构相比，其部件加工、现场连接都要牢固和容易。该节点的刚性好，作为框架结构，很多住宅建筑厂家和中小工务店使用这种结构。工厂制作的接头和榫卯与保留浓郁传统梁柱结构色彩相比，这种接头和榫卯的加工已经实现了合理化，有促进结构自身变更的可能性。

圆木井干结构构法（圆木房屋）- 图1

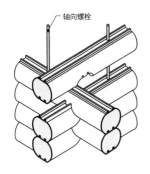

- 轴向螺栓

古代的井干式房屋 - 图2

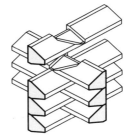

单向框架结构的案例（集成材拱）- 图3

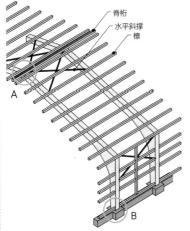

- 脊桁
- 水平斜撑
- 檩

A

B

双向框架接合部 - 图4

住商顶级 HR 施工方法

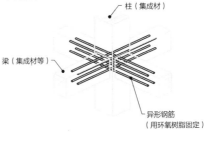

- 柱（集成材）
- 梁（集成材等）
- 异形钢筋（用环氧树脂固定）

采用金属件的梁柱连接节点、柱脚的图例 - 图5

A 部详细图

B 部详细图

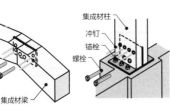

- 集成材柱
- 冲钉
- 锚栓
- 螺栓
- 集成材梁

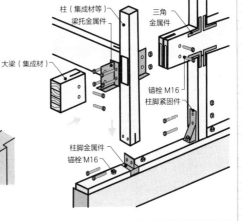

- 柱（集成材等）
- 梁托金属件
- 三角金属件
- 大梁（集成材）
- 锚栓 M16
- 柱脚紧固件
- 柱脚金属件
- 锚栓 M16

参考："3 层木结构公寓住宅"（建筑资料研究社）等

022 木结构

木材的特质和使用

使用木材的传统技艺

要点

◆用创意和技能弥补技术的欠缺，这就是"木材所能发挥的传统技艺"

◆欧洲不仅有石材砌筑，还有丰富的木结构构架的技术和技能

对干燥收缩的处理

木材从水分超过百分之几十的树木到作为结构用木材可以实际使用为止，达到稳定的标准含水率百分之十几，在与纤维方向和垂直方向上有相当程度的收缩，由于巨大的张力而产生裂纹。在柱子外露的明柱墙结构中，在隐藏于墙中的柱部分预先留出楔形开口，将收缩变形集中在该部位，采用立面看不见的"背纹"办法（图1）。

原木板达到自然干燥状态，其纤维方向和垂直方向会产生巨大的翘曲。然而在日本没有胶合板技术的时代，隔板和楼梯的台阶板等使用原木板时，为了防止翘曲，在背面安装"木插栓"，在隔板端口使用夹撑木处理（图2）。

"扣栓"的办法是利用纤维方向伴随干燥收缩变形较少的特点控制变形（图3）。将其使用在明龙骨（竿缘）顶棚的顶棚板（原木板）的搭接部位。

有效利用弱点的创意

与木材纤维呈垂直方向的强度、刚性比纤维方向要小。但横木相反地利用这个弱方向的缺陷，确保了作为建筑主体结构的韧性。

此外，用硬木制成的暗榫、销、银锭榫打入连接两个构件上的孔内，主要是用剪切力将构件连接起来（图4）。另外，楔子是薄的三角柱状的东西，打入间隙以防止构件的位移。应用楔子也是应用嵌入的"暗楔榫"，可以说木结构的许多接头和榫卯都是源自这个原理（图5）。

以强调角等为目的，柱、梁或框等阴阳角部采用的是各种倒角（图6）。

这些创意一般认为是日本独创的东西，但欧美在使用大截面木材时，对端部的细节以及收口处理也很关注，或对火的热度采用的措施等，有充分的技术、技能的积累。

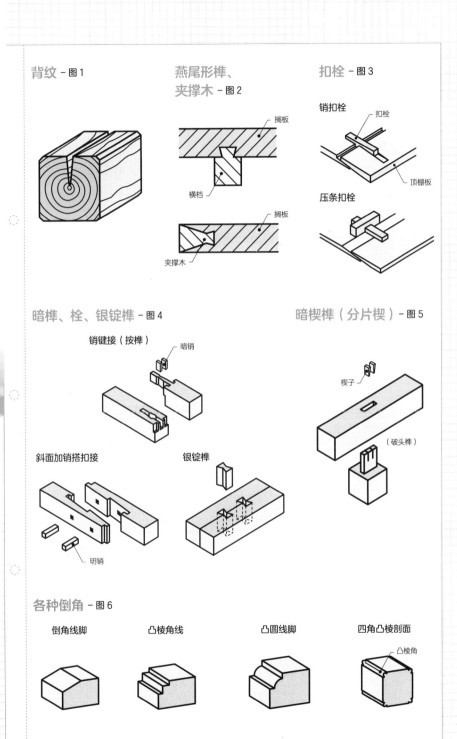

背纹 - 图1

燕尾形榫、
夹撑木 - 图2

搁板

横档

搁板

夹撑木

扣栓 - 图3

销扣栓

扣栓

顶棚板

压条扣栓

暗榫、栓、银锭榫 - 图4

销键接（按榫）

暗销

斜面加销搭扣接

明销

银锭榫

暗楔榫（分片楔）- 图5

楔子

（破头榫）

各种倒角 - 图6

倒角线脚

凸棱角线

凸圆线脚

四角凸棱剖面

凸棱角

023 木结构

木结构的基础

基础工程的要点

 要点
◆木结构基础的截面，不需要进行结构计算，由法规决定
◆地板下防潮混凝土与筏形基础似是而非

基础工程的程序

在木结构建筑的现场，决定水平基准及柱子和墙中心位置的平面测定、定位（图1）完成之后，进行地基和基础工程。此时由于地表面的土尚未稳定，应进行挖基坑的作业。

接着纵向排列 10 ~ 20cm 的砾石，在挖掘后的基础底面进行夯实地基的基础工程（近几年由于砾石较难买到，使用碎石较多）。然而，在基础底部地质良好的情况下，如果进行砾石基础处理，相反会减低基础的承载力。

将掺入砂子的砾石倒入碎石的缝隙后，浇筑混凝土垫层。这相当于标记设计图的装配基准线的基准墨线。此后，依照基准墨线进行配筋，再进行模板工程、混凝土浇筑工程（图2）。

木结构的基础大多是筏形基础，但在软地基情况下，往往采用条形基础（图3）。筏形基础底板的尺寸一般如表所示有规定。近几年，木结构住宅地板下方通常整体浇筑防潮混凝土，其厚度为 5mm，但这毕竟与以防潮为目的的条形基础不同。

此外，混凝土由于水和反应硬化时，因收缩产生张力而发生裂缝，作为防止张力的要素，需放入几毫米直径左右的金属丝网。

决定基础深度的要素

关于基础的深度，在寒冷地区，冰冻深度和冰冻线的关系也很重要。由于水（包括含水的土）冰冻后其体积膨胀，会将基础托起。为防止此类状况的发生，需要在冰冻线以下设置基础（图3）。像底层混凝土地面那样，当冰冻线以下设置基础困难时，需要采取铺设保温材料，防止地下的温度降低，设置地漏促进排水，将土调换成砂或碎石子，防止冰冻后体积膨胀（图4）等措施。

木结构住宅的定位 – 图1

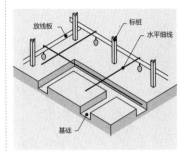

放线板　标桩　水平细线

基础

条形基础的施工 – 图2

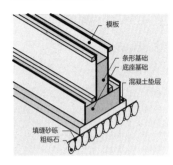

模板

条形基础
底座基础

混凝土垫层

填缝砂砾
粗砾石

木结构住宅的基础剖面 – 图3

①条形基础的图例

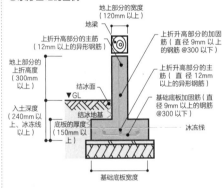

地上部分的宽度
（120mm 以上）
地梁
上折升高部分的主筋
（12mm 以上的异形钢筋）
地上部分的
上折高度
（300mm
以上）
结冰面
入土深度
（240mm 以
上、冰冻线
以上）
结冰地基
底板的厚度
（150mm 以
上）

上折升高部分的加固
筋（直径 9mm 以上
的钢筋 @300 以下）
上折升高部分的主
筋（直径 12mm
以上的异形钢筋）
基础底板加固筋（直
径 12mm 以上的钢
筋 @300 以下）
冰冻线

基础底板宽度

注（ ）的数值出于 2010 年建设省告示 1347 号

②条形基础的图例

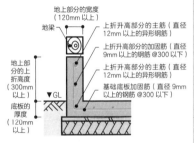

地上部分的宽度
（120mm 以上）
地梁
上折升高部分的主筋（直径
12mm 以上的异形钢筋）
上折升高部分的加固筋（直径
9mm 以上的钢筋 @300 以下）
上折升高部分的主筋（直径
12mm 以上的异形钢筋）
基础底板加固筋（直径 9mm
以上的钢筋 @300 以下）
地上部
分的上
折高度
（300mm
以上）
底板的
厚度
（120mm
以上）

上折升高部分的宽度 12cm 以上，地上部分高度 300mm 以上，
入土深度 24cm 以上，基础底板的厚度 15cm 以上，宽度要根
据地基而定，至少平房需要 18cm，二层楼需要 24cm。

筏形基础底板的尺寸 – 表

地基长期容许应力强度（kN/m²）·A	基础的种类	建筑物的种类		
		数值：筏形基础底板的宽度（cm 以上）		
20 > A	桩	木结构、钢结构、轻质建筑物		其他建筑物
30 > A ≥ 20	桩、条形基础	平房	二层楼房	
50 > A ≥ 30	桩、条形基础、筏式基础	30	45	60
70 > A ≥ 50		24	36	45
A ≥ 70		18	24	30

寒冷地区室内素土地面的施工方法 – 图4

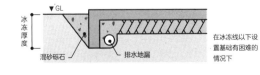

▼GL
冰冻厚度
混砂砾石　排水地漏

在冰冻线以下设
置基础有困难的
情况下

专题 2
被工厂强化加工后的木料（工程木料）

木质结构材料 - 图

采用集成材制成的柱

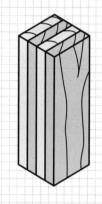

胶合板

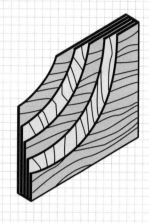

刨花板

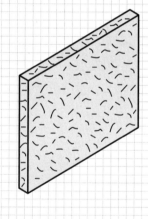

采用平行胶合板的木质 I 型梁

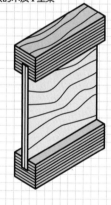

种类和特性

　　木材的小片（Laminar）用胶粘剂重叠粘结起来，形成预想形状的积层材，将木材旋切成单板，使其纤维方向互相垂直叠加胶合而成的胶合板，将单板进行同一纤维方向叠加胶合的 LVL（Laminated Veneer Lumber），这些材料考虑了利用纤维方向的强度和收缩的差异、木材特有的骨节和裂纹等，作为确保强度和刚性等和规定的性能的产品，统称为工程木料（Engineered Wood）。

　　工程木料中除有利用木材小片做的刨花板、定向刨花板 OSB（Oriented Strand Board）外，还包括硬质板等纤维板。这些不仅在性能特性方面，而且在废材料再利用和资源利用意义上也受到好评。

3

非木结构的构法

024 钢结构

钢材的结构特性

坚固的结构材料

 要 点
◆钢材被正式使用在建筑上是始于19世纪后半叶
◆结实、坚硬，柔韧、稳定的品质，具备了作为结构材料的优点

钢材的优点

早在公元前铁就开始被使用，不过使用在钢构建筑物上的铁结构（也称钢结构）的"钢铁"是19世纪问世的（使用在埃菲尔铁塔的大部分不是钢铁而是煅铁）。在日本，建于19世纪末的秀英舍印刷工厂被认为是最早的真正的钢结构建筑。

以下理由可以说明钢材是极为优质的结构材料。

①强度高

一般来说，钢材的强度是根据碳的含量而不同。正如23页表2所示具有代表性的结构材料的物性，钢材与木材相比，其强度显而易见。表中列出了在建筑领域经常使用的钢材强度。

②刚性好

钢材的弹性率也是极高的。不易变形（刚性），作为结构材料可以放心、稳定地使用。

③韧性好

图1说明了拉伸 SS400 钢材时产生的应力与变形（拉伸的比例）的关系。突然拉伸比例变大的部位称为屈服点。屈服后变形会变大，但很难断裂。这种柔韧度（韧性）是作为结构材料的一大优点。

压曲和容许应力

当对部件逐渐施加外力时，变形情况会急剧变化，变形持续不停就称为压曲。典型的压曲现象有两种：由压缩造成的纵向压曲，以及弯曲造成的横向压曲（图2）。由于压缩和弯曲形成的长期容许应力，是在考虑该压曲后，按照钢材截面形状和支点间的距离等进行设定的。

长期容许拉伸（压缩、弯曲）应力 $_Lf_t$、长期容许剪切应力 $_Lf_s$，根据钢材的种类和厚度，使用规定的标准强度 F，在图1中作了具体规定。

钢材的强度 – 表

（建筑规范相关告示第 2464 号摘录）

钢材种类		F（N/mm²）	
		厚度 ≤ 40mm	40mm < 厚度 ≤ 100mm
建筑结构用钢材	SN400	235	215
	SN490	325	295
一般结构用钢材	SS400	235	215
	SS490	275	255
	SS540	375	—
焊接结构用钢材	SM400	235	215
	SM490	325	295
	SM520	355	335（325）

注："（ ）"内是厚度 > 75mm 时

张拉应力和变形的关系 – 图1

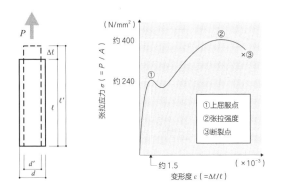

①上屈服点
②张拉强度
③断裂点

A: 截面面积

$f_t = F / 1.5$ $f_s = F / 1.5\sqrt{3}$

短期容许张拉应力分别是长期容许张拉应力和
长期容许剪切应力的 1.5 倍

压曲现象 – 图2

①纵向压曲

②侧向压曲

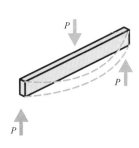

025 钢结构

钢材的负面性质

克服钢材的弱点

 要点
- ◆锈蚀、耐火性差、热传导率高等，使用时需要有应对的措施
- ◆轻质型钢和型钢的差异不是重量，而是制造工艺

钢材的弱点

钢材作为结构材料具有优异的性能，但大量使用会出现成本问题。但日本因为是世界为数不多的钢生产大国，价格比较低廉。

钢材有以下弱点，使用时需要采取适当的措施。

①锈蚀就是不稳定

铝材会产生称作氧化铝膜的泛白银色的锈蚀，其附着性强而且稳定。与铝材相比，钢材的锈蚀容易脱落。由于锈蚀是在铁氧化过程中产生的，阻断空气中的氧和铁的防锈涂层和镀金是有效的。钢材中有涂氧化膜的耐候钢（锈的附着性好），在铁中掺入镍、铬等，降低铁锈发生的不锈钢等。

②怕火的热度

由于钢材遇到数百度的温度时，其强度、刚性会减半，为应对火灾时的火热，防止强度降低的发生，需要做全面的防火保护涂层。普遍采用岩棉等耐火涂层（图），在规定的时间内防止钢的温度上升。除此之外，还有当钢达到所要求的温度时外膜有发泡的耐火涂料保护，以及即使温度达到600℃仍然可以承受常温下抗屈服 2/3 以上强度的耐火钢（FR 钢）。

③热传导率高

一般来讲金属的热传导率是高的，密度越高的东西其热传导率越高。热传导率高的钢成为热桥，是外围部隔热的弱点。

型钢的种类、规格

一般称为型钢的是热轧的结构用钢材。区别于长尺寸的带钢（1.6 ~ 6.0mm 厚）和通过冷轧成型、生产的轻质型钢。型钢和轻质型钢的形状和尺寸的规格由 JIS（日本工业规范）等规定。通常是从其中选择使用（表），也有将平板钢进行焊接，制作规范中没有的型钢的情况。

防火涂层施工方法的图例－图

①喷涂 ②缠绕 ③张贴成型板

楼板

H 形钢梁 喷涂岩棉

固定钉

耐高温岩棉

成型板

钢材截面的尺寸有微小的差异，由于附加了结合用的板和螺栓、螺母，形状就变得复杂。因此，以前喷涂施工方法是主流，由于伴随工程的散落物成为问题，近年，采用缠绕防火材料的施工方法有所增加。

型钢的种类－表

	名称	通称	尺寸表示	形状
型钢	L 型钢	角钢	L－A×B×t	
	槽型钢	U 型钢	□－A×B×t1×t2	
	H 型钢	—	H－A×B×t1×t2	
轻质型钢	C 型钢	C 型钢	C－A×B×C×t	
	帽型钢	—	□－A×B×C×t	
其他钢	钢管	—	Aφ－t	
	方型钢管	—	□－A×B×t	
	平板钢	平板钢	FB－A×t	

026 钢结构

钢材的连接

螺栓和焊接的作用分工

要点
◆工厂加工以焊接为主，现场施工以高强度栓接为主
◆为牢固连接，需要使用具有高张拉应力的（高强度）螺栓

连接的种类和用途

钢结构施工的次序是将从厂家规格中选出的钢材送到被称为"制造"的工厂，在那里预先将作为柱、梁等构件进行加工，然后在现场进行连接。在现场连接时，常常使用高强度螺栓，不过，规模大的工程大多使用焊接。

①高强度螺栓连接

使用张拉应力大的高强度螺栓进行连接。以使用规定的力牢固连接为前提，将连接构件间的摩擦力作为连接的依据。尽管施工能够确保，但缺点是由于孔会产生截面缺损，需要夹板等连接件（图1①）。

②普通螺栓连接

将螺栓轴的剪切力作为连接的基础。施工、拆卸比较容易，但时间长了螺栓就会松动，由于担心孔径和螺栓轴径的差成为初期变形等，不得不使用在檐高 9m 以上，跨度 13m 以上钢结构建筑的结构承载力上的主要部位（图1②）。

另外，关于使用螺栓、铆钉的连接方法，在与开孔的关系上，孔和构件端部的距离（叫端头距离）、孔和孔的最小距离等，根据轴径大小表中都有相应规定。

③焊接

构件截面没有缺损，很多情况下不需要夹板，可以实现凸出部少的连接。缺点是受热后会产生变形和应力，连接强度受施工质量左右等。不过，近几年由于焊接材料、机器等的进步以及开发了超声波探伤等简便的检查法，弱点逐渐被克服。

焊接缝有对焊、（渗透焊接）填角焊、部分渗透焊三种（图2）。

连接的今昔

用铆接机将接近 1000℃ 热度的铆钉进行铆接，形成螺母状的连接，这在过去是普遍使用的，但由于噪声和操作的可靠性，熟练工等问题，现在建筑界几乎不用了。

螺栓连接－图1

①高强度螺栓的连接　　　　　　　　　②普通螺栓连接

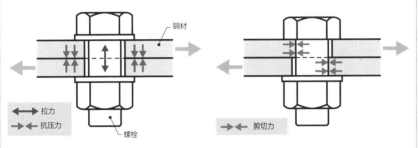

钢材

螺栓

◀━━▶ 拉力
━▶◀━ 抗压力

━▶◀━ 剪切力

最小边距和间距－表

（单位：mm）

直径		12	16	20	22	24	27	30
最小边距	剪切边等	22	28	34	38	44	49	54
	辊轧边等	18	22	26	28	32	36	40
最小间距		直径 ×2.5						

参考：《钢结构设计规范》（（社团法人）日本建筑学会）等

焊接接缝和接头－图2

	对接接头	角接头	T形接头	说明
对焊				对焊：设坡口，将母体的一部分融化形成一体。用于柱、梁连接主要部位的连接
填角焊				填角焊：由于母体双方未成整体，所以不在结构体的主要部位使用
部分渗透焊接				部分渗透焊接：在部分的连接面设坡口，进行焊接，不在结构体的主要部位使用

027 钢结构

钢框架结构

构成框架的要素

 要点 ◆利用构法具有的长处，实现灵活性高的空间
◆较强的预制装配要素，尝试各种各样的技术开发

所谓钢框架结构

利用各种型钢等，将刚性连接的梁柱装配成立体格子状骨架的构法就是钢框架结构（图1）。作为水平刚性要素，采用楼板和水平斜撑（斜撑参照73页图1），但依据情况的不同，作为垂直面的水平力控制要素，可设置斜撑或承重墙。

钢框架梁

梁主要承受弯曲应力。受弯构件中，作为主要承载抗弯的部分称为翼缘，把承载抗剪切力的部分称为腹板。针对弯曲在加厚上下翼缘厚度的同时，将两者间隔拉大的形状效率较好。因此，需使用类似 H 型钢的钢材（图2）。但如果为了获得较高的截面性能，提高梁高的话，容易发生因弯曲而引起的侧向压曲（参照61页图2）。

此种情况下如安装被称为加劲肋的加固板，就能有效地控制压曲。此外，加固板还可以适当使用在荷载点和支撑点上，容易发生局部压曲、局部变形的部位。

钢框架柱

柱子需要承受很大的压缩应力。另外，当水平荷载时，会产生大的弯曲，为承受该应力，偏离柱子截面中心的地方应使用有钢材的构件为好。由于钢材有防止压曲的效果，柱子大多采用（方形）钢管。

结构的截面尺寸可以根据结构计算得出，但在制定构法阶段，很多情况下还没有规定。图3是绘制的实施案例，是预先假定截面尺寸时的参考资料。

在实际运用中，大体的外形尺寸基本是统一的，而对墙厚的差异常常会作调整。在制订详细计划时，对于钢材尺寸，需要考虑夹板的厚度和螺栓、螺母尺寸、防火涂层的厚度等。

钢结构构法 － 图1

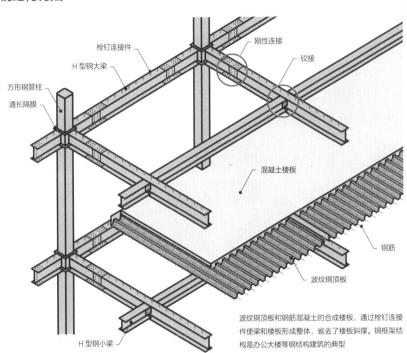

栓钉连接件
H 型钢大梁
方形钢管柱
通长隔膜
刚性连接
铰接
混凝土楼板
钢筋
波纹钢顶板
H 型钢小梁

波纹钢顶板和钢筋混凝土的合成楼板，通过栓钉连接件使梁和楼板形成整体，省去了楼板斜撑。钢框架结构是办公大楼等钢结构建筑的典型

H 型钢的翼缘和腹板 － 图2

压缩
拉伸
翼缘
腹板
越大抗弯力越强
越厚抗弯力越强

钢结构梁的剖面尺寸和跨度比 － 图3

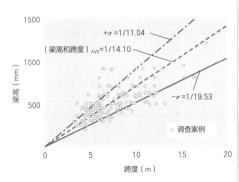

梁高（mm）

$+\sigma=1/11.04$
（梁高和跨度）$_{AVE}=1/14.10$
$-\sigma=1/19.53$
○ 调查案例

跨度（m）

出处：《关于钢结构骨架尺寸计划法的研究报告》（（社团法人）钢材俱乐部）

梁高平均约为跨度的 1/14，考虑到偏差，大体目标约为跨度的 1/20 ～ 1/11

028 钢结构

框架的连接

连接部位是技术要点

要点
◆力传导决定了钢结构的截面形状和连接节点的形式
◆现场作业的连接部位是技术开发和巧思的关键

钢框架结构的接头和连接方法

钢框架结构多采用柱子压顶的方法，梁的接头设置在与柱子的连接部位附近。另一方面，柱子的长度大多是2～3层楼（10m左右）高的构件，若超越3层，则需要采用接头。方形钢管柱按照图1的方法设置在地板以上1m左右的地方。

柱和梁的连接有两种具有代表性的形式。一种是事先将位于梁端部的构件与柱子进行刚接，在现场只进行梁的接头连接（图2①②）；另一种是事先将腹板用的节点板安装在柱子上，在现场以此为基础，对梁的翼缘进行焊接（图2③）。前者可以确保施工质量，但存在构件形状和搬运效率不佳，在梁的接头部分，不能避开螺栓、螺母类的凸起，影响与楼面等的互相连接的质量等弱点。后者是现场焊接，存在连接是否合格的悬念。

无论哪种方法，当将钢管作为柱子时，在柱梁连接部（称节点域），为传递来自梁的侧向力，需要围绕柱子四周安装加劲板的外隔膜，或位于柱子内部的内隔膜，或设置贯通内外的通长隔膜（图2）。

此外，大梁和小梁的连接节点，大多采用铰接连接腹板。

柱脚的施工方法和技术开发

固定柱脚（刚接）的普通施工方法，以前钢筋混凝土工程和钢结构工程错综复杂，很难操作（图3②），现在广泛普及类似铰接的外露形式的固定施工方法（图3③）。

钢结构部件本身也经历了各种各样的技术开发。譬如H型钢，由于生产工艺是辊压成型，同样的尺寸但墙厚不同，一般翼缘间的净尺寸是固定的，但是近几年，由于推行了连接构件和零部件的标准化，开始制造、销售外形尺寸固定的H型钢（图4）。

钢管柱的接头 - 图1

吊装件

现场焊接

吊装件在现场焊接完成
后拆除柱子

柱梁的接口 - 图2

①外隔膜

外隔膜

②内隔膜

内隔膜

③通长隔膜

通长隔膜

现场焊接

节点板

柱脚的形式 - 图3

①铰接

底板

钢筋
混凝土
工程

螺栓

②固定

底板

螺栓

肋板
基础防护混凝土

锚定板（扁钢）

③外露式柱脚固定施工法
（unboned 工法）

底板
螺栓

双重螺母
注入垫圈

钢筋

底座锚具
底座板

外形尺寸固定的 H 型钢梁 - 图4

①以前的 H 型钢

净尺寸固定

②外形尺寸固定的 H 型钢梁（新日本制铁 hyperbeam）

外形尺寸固定

梁宽固定

所谓其他构件、零部件（玻璃幕墙的紧固件）
大多是连接翼缘的上端和下端，若外形尺寸固
定则更为方便

029 钢结构

框架结构的墙和楼板

支撑柱和梁的构件

 要点
◆墙是辅助框架的构件，楼板是均衡分布力的构件
◆楼板构法有多种形式，但出于性价比考虑，使用合成楼板的较多

框架墙

在钢框架结构构法中，结构主要构件除柱、梁以外，还有抗震墙等的抗震要素和楼板。抗震要素是以减少柱和梁的负荷为目标，适当采用。在抗震要素中，除使用钢斜撑（图1①）外，也使用RC抗震墙。后者的情况，相比柱和梁，抗震墙的刚性往往会高，这需要设法调整二者的刚性。

近几年，也有采用通过控制水平力的摇晃和振动的控制墙（图1②）。照片的例子是在墙和梁的连接部位采用液压阻尼，通过流体阻尼控制建筑物变形的方法。

框架结构的楼板

钢框架结构楼板中，除了有瓦楞钢板等钢制楼板或薄壁的预应力混凝土（PCa，参照88页）楼板作为模板制成的RC楼板外，也使用ALC板和PCa制

的楼板用构件。

钢制楼板大多情况下与混凝土形成一体，在这种情况下有三种使用方式：①只作为构成RC结构楼板的模板使用。②表层的混凝土只是饰面的基底，作为钢结构楼板使用。③作为RC结构与钢制楼板一体化的合成楼板使用（图2）。

相当于RC结构的合成楼板，大多可以省略楼板的水平斜撑及防火涂层。要作为合成楼板，需要考虑使用与混凝土有黏着力的楼板。图2③是通过栓钉连接件，使楼板和梁一体化，作为合成梁的例子。

作为楼板构造，加上前述的水平刚性之外，还有所说的耐火性、楼板冲击声的隔声性能方面也很重要。譬如，收纳配线方式中，如将楼板内配线管或格孔槽设置在结构主体内部时，也必须注意楼板的耐火性、楼板撞击声的隔声性能（图3）。

抗震墙和减震墙 - 图1

①抗震墙

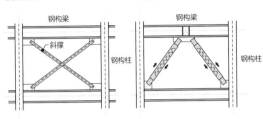

钢构梁
斜撑
钢构柱

②减震墙（钢材阻尼）

钢构梁
钢构柱

减震墙的图例 - 照片

H型钢梁
减震墙

（大宫产业文化会馆，埼玉县）

通过液压阻尼连接 PCa 墙板和梁的减震墙图例

使用钢板的楼面 - 图2

① RC 楼板（作为模板使用）

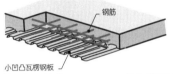

钢筋
小凹凸瓦楞钢板
（keystone plate）

②钢结构楼板（只用楼板的钢板支撑）

网格钢筋
瓦楞钢板

③合成楼板（耐火建筑）

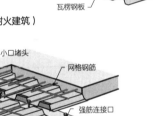

小口堵头
网格钢筋
瓦楞钢板
主筋
耐火涂层
（岩棉喷涂）
强筋连接口

配线收纳方式的楼面 - 图3

①楼板内配线槽

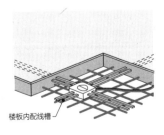

楼板内配线槽

②格孔槽

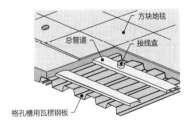

方块地毯
总管道
接线盒
格孔槽用瓦楞钢板

030 钢结构

其他钢结构

性价比高的构法

要点

◆所谓人字形就是へ字（日语平假名）形的形状，人字形钢、人字形框架，皆如此
◆在预制构件中大量采用轻质型钢是有理由的

人字形框架结构

由 H 型钢的柱子和 H 型钢或具有抗屈服力锥度（taper，锥形）的组合钢构成的人字木系梁形成的架构就是人字形框架（图 1）。根据梁的跨度、栋高、檐高等的尺寸规格，实现主要部件的标准化，进行设计和生产、施工的合理化，但其设计的自由度有一定的局限。一方框架可以实现较大的跨度，但另一方跨度短，除屋面以外，墙体需要设置斜撑。一般建平房，由于可以利用结构上的特点，造价又便宜等，多用在体育场馆和工厂厂房等工程上。

轻质型钢的构法

轻质型钢 LGS 也称为 Light Gage Steel，轻质且强度、刚性优异（表）。

由于轻量，搬运和装配比较容易，但因冷轧成型的薄壁材料，往往容易产生扭曲和局部压曲、变形，需要根据情况设置加固板等。由于壁薄，影响较大，必须进行金属镀层和涂饰等的防锈处理。

如焊接温度过高，材料会熔化脱落，温度过低焊接效果就变得不佳等，焊接比热轧的型钢总体要难，连接多采用螺栓。总之，由于截面小，不适合用于大规模建筑物的主要结构部分，可作为檩条、椽子等屋顶和墙体的基底材料使用。

从出色的性价比看，可以说这种材料适合于工厂进行加固板设置和防锈处理等的装配式住宅。主要的装配式住宅大部分是 1960 年前后开始供应的，很多住宅将轻质型钢用于柱和梁。柱和梁、柱脚的连接全都采用铰接方式，或采用斜撑并用等各公司独自的铰接加斜撑方式（图 2）。这种采用轻质型钢的装配式住宅是日本特有的产物。

采用人字形框架的骨架 – 图1

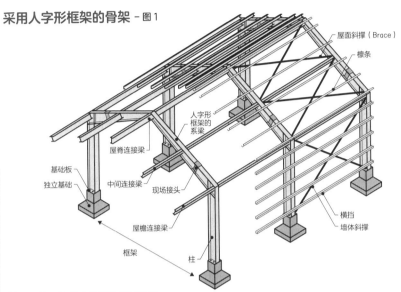

屋面斜撑（Brace）
檩条
人字形框架的系梁
屋脊连接梁
基础板
独立基础
中间连接梁
现场接头
屋檐连接梁
框架
柱
横挡
墙体斜撑

普通型钢和轻质型钢的特性 – 表

截面特性		普通型钢（槽形钢 100×50×5×7.5）	轻质型钢（C型钢 200×75×20）
截面形状		Y⌐X	Y⌐X
截面面积（cm²）		11.92 ≒ 11.81	
单位质量（kg/m）		9.36 ≒ 9.27	
截面二次力矩（cm⁴）	Ix	189<<<716	
	Iy	26.9<<84.1	
截面系数（cm³）	Zx	37.8<<71.6	
	Zy	7.82<<15.8	

尽管两者的截面面积、质量几乎同等，而截面系数等，轻质型钢几乎是普通型钢的两倍。

铰接／斜撑方式 – 图2

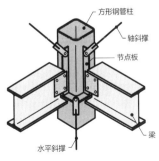

方形钢管柱
轴斜撑
节点板
梁
水平斜撑

031 RC（钢筋混凝土）结构

钢筋混凝土的结构特性

相互支撑的混凝土和钢材

要点
◆混凝土的优势劣势处于变化中，RC结构也处于开发过程中
◆RC结构弥补了混凝土和钢材的短处，发挥了长处

RC 结构的使用还只有 100 年

将棒状的钢材，即钢筋绑扎起来，周围用模板围住，浇筑混凝土，使混凝土和钢材形成一个整体，这就是钢筋混凝土结构（RC 结构）（照片）。

在日本最初建成的 RC 结构是 20 世纪初的海军兵工厂的锅炉房，真正的实体建筑被认为是 1910 年的三井物产横滨大楼。作为混凝土原料的水泥，现在使用的普通硅酸盐水泥（参照 76 页）也是 19 世纪的产物，即使在欧美，RC 结构正式普及也是进入 20 世纪之后的事。

结构为混凝土涂层的钢筋结构

一般的混凝土其强度、刚性是钢材的 1/10 左右，特别是拉伸强度极小（超高层住宅等也使用强度数倍的水泥，参照 23 页表 2）。能弥补该弱点的就是钢材，作为拉伸材料为增加强度可少量使用。

另一方面，作为抗压材料混凝土价格低廉，作为建筑物的基础材料也非常好。通过大量使用，覆盖在钢材外表，从而抵御火的高温，由于碱性的缘故，可以为防止钢材时间长生锈（氧化）发挥作用。这样的互补结构是 RC 的结构原理。

另外，钢材和混凝土有很好的附着力，热膨胀率大体上也相等，作为结构体的一体性较好（表 1）。

一般认为 RC 结构的寿命是数十年。即混凝土失去碱性，其中性化由表面向内部渗透，直达钢筋需要经年累月。为此，从 RC 结构的表面到钢筋的距离即"保护层的厚度"变得很重要。

混凝土压缩时的应力和变形的关系如图所示。其特征是一般认为其弹性限度不明显，从屈服点的位置到破坏的应力差较小等。

再者，对于设计标准强度 F（N/mm），钢筋和混凝土的容许应力强度见表 2 的规定。

RC 结构的现场施工 – 照片

柱子的配筋工程已经结束，柱和梁的模板工程只是一个面的完工状态

钢材和混凝土材料的常数 – 表1

	钢筋	混凝土	单位
弹性系数	2.05×10^5	$1.26 \sim 3.35 \times 10^{4*}$	N/mm^2
横向变形系数	—	0.2	—
线膨胀系数	1×10^{-5}	1×10^{-5}	$1/℃$

* 混凝土的弹性系数根据强度而不同。上述是将数值代入参考式的结果，其他数值出自于（社团法人）日本建筑学会的《钢筋混凝土结构计算规范》

应力变形曲线 – 图

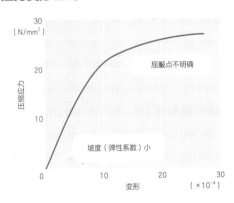

屈服点不明确

坡度（弹性系数）小

钢筋混凝土的例子和标准强度[*1] F、容许应力强度 $f^{[*2]}$ – 表2

材料种类	长期容许应力 f_t（N/mm^2）				短期容许应力 f_S（N/mm^2）				材料例子	F（N/mm^2）
	压缩	拉伸	剪切	附着	压缩	拉伸	剪切	附着		
圆钢	$\dfrac{F}{1.5}$ 但是 ≤ 155		但是 ≤ 195	—	F		但是 ≤ 295	—	SR295	295
异形钢筋	$\dfrac{F}{1.5}$ D ≤ 28 时 ≤ 215 D > 28 时 ≤ 195		但是 ≤ 195		F		但是 ≤ 390		SD295	295
									SD390	390

材料种类	长期容许应力 f_t（N/mm^2）				短期容许应力 f_S（N/mm^2）				材料例子	F（N/mm^2）
	压缩	拉伸	剪切	附着	压缩	拉伸	剪切	附着		
普通水泥	$\dfrac{F}{3}$	$\dfrac{F}{30}$		0.7	长期容许应力的 2 倍				基本规范	18 ~ 36
									高强度	36 ~ 60
轻质水泥				0.6					—	18 ~ 36

根据建筑规范施行令 91 条制成
*1 钢材称标准强度，混凝土称设计标准强度
*2 混凝土在 F ≤ 21 的情况下

032 RC（钢筋混凝土）结构

钢筋混凝土的性质和种类

从中低层建筑到超高层建筑的使用

 要点
◆水和水泥比对强度、耐久性、施工性的影响很大
◆近几年，超高层RC结构柱子使用的是超高强度混凝土

普通硅酸盐水泥

混凝土是水泥和水、骨料（砂、砾石），再加各种混合材料和添加剂的混合物。该性状受水和水泥比（水量相对水泥量的比例）所左右，水和水泥的比越小，其强度、耐久性就越高，但施工会变得困难。

在水泥中最一般的普通硅酸盐水泥是以黏土、石灰石为主要原料，为调节凝固时间，再加入石膏而制成的。此外，水泥除表1中有的产品，一般早期强度大的水泥，水和热高，且干燥收缩大，容易产生裂缝。使用普通硅酸盐水泥的混凝土强度与材龄期（浇筑后的经过时间）同步增加。一般来讲，混凝土强度以材料龄期4周的产品为标准（表2）。

混凝土会因水化反应而硬化，随着凝固会产生0.1%左右的收缩，表面会产生张力。其结果有可能产生龟裂。特别是每楼层的施工缝，设置浇筑间距往往会成为问题。此时，设置将龟裂集中处理的施工缝来应对，这就是在混凝土墙面上人为地做成线状的凹槽。

干燥收缩及伴随温度变化的伸缩虽不大，但作为刚性指标的弹性系数较低。因为黏性（韧性）较小，由于地震等一旦发生变形，会在初期就产生龟裂。

RC结构强度已经到了分别使用的时代

上述混凝土多用于中低层建筑物是前提，但近几年开发出了极为高强度、高性能的混凝土，与高强度的钢材组合，以超高层公寓为中心广泛使用。譬如，超过 $36N/mm^2$ 的高强度混凝土和 $60N/mm^2$ 的超高强度混凝土，通过外加剂等控制水的使用，而且确保施工性。

普通硅酸盐水泥以外的主要水泥 - 表1

水泥的种类	特征	用途
早强普通硅酸盐水泥	强度起始快，低温也能发挥强度	紧急工程或冬期工程
低热普通硅酸盐水泥	初期强度较小，长期强度大，水和热小	水库工程
高炉水泥	同上	同上
粉煤灰水泥	施工性好，干燥收缩小	水中混凝土

模板保留期限 - 表2

区分	建筑物的部分	保留期限	混凝土压缩强度
模板	基础、梁侧、柱、墙	3d 以上	50kg/cm² 以上
	楼面板、梁下	6d 以上	F×0.5
支柱	楼面板	17d 以上	F×0.85
	梁下	28d 以上	F

注：普通硅酸盐水泥在平均气温15℃以上。F=混凝土的设计规范强度

超高强度混凝土分别使用的图例 - 图

出处：《关于使用高强度混凝土的超高层RC结构住宅，预制构件施工方法的作业标准时间测算的研究》(河合邦彦等（日本建筑学会结构论文集第606号 21-28 2006年8月)）

77

033 RC（钢筋混凝土）结构

钢筋

决定 RC 结构优劣的钢筋

 要点
◆要实现钢材和混凝土的"互补机制"，需要精确的配筋
◆保护层的厚度影响耐久性、耐火性

接头和固定

钢筋有单纯圆形截面的圆钢和考虑与混凝土固定、表面有凹凸的异形钢筋。建筑中使用的钢筋是与混凝土形成整体非常出色的异形钢筋，该钢筋直径是用 Deformed Bra 的 "D" 表示（图 1）。

在 RC 结构的构件截面中，把钢筋配置到适当的位置称为配筋。钢筋配置原则是将钢筋配置到设想的构件应力的拉伸侧，考虑到梁和柱装配加工时的便利性和侧向力等，大体上采用对称配置。此外，把承载轴向力和弯矩的钢筋称为主筋。

钢筋的接头除了有将相互的材料端头折弯，做成钩状互相搭接的，也有将两根材料单纯搭接的"搭接接头"，另外也有气压焊接和电弧焊接的"焊接接头"，以及用螺栓和套管接头（图 2）。接头的位置选择在柱子梁应力小的部位（图 3③）。

RC 结构的接合部一般采用刚性连接，将一侧构件的钢筋与另一侧构件充分拉伸后牢固连接，称为"固定"，必要的拉伸长度称为"固定长度"（图 3①②）。固定长度与搭接接头同样，需要考虑附着力（表 1）。

保护层和间隙

钢筋被混凝土层所覆盖，可以避免由于火的高温而降低承载力和锈蚀（氧化）。从混凝土表面到钢筋表面最靠近外侧的涂层称为保护层，保护层是关系到钢筋混凝土结构的耐火性、耐久性的重要因素。保护层厚度是由建筑基准法实施令规定的（表 2）。

另外，把钢筋和钢筋的间距称为间隙。间隙不恰当混凝土就不能充分地通过，钢筋和混凝土的整体性就会受损，钢筋混凝土应有的承载力不能发挥。

钢筋和混凝土的附着 - 图1

① 有附着

① 异形钢筋（D6、10、13、16、19、22、25、29、32、35、38、41、51mm 直径）

② 没附着

② 圆钢（6、9、13、16、19、22、25、28、32mm 直径）

钢筋的接头 - 图2

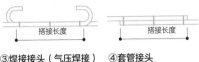

① 搭接接头（带弯钩）　② 搭接接头

③ 焊接接头（气压焊接）　④ 套管接头（丝扣型接头）

钢筋接头的位置、固定长度 - 图3

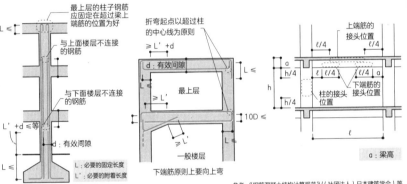

① 柱的固定　② 大梁的固定　③ 接头位置

L：必要的固定长度
L'：必要的附着长度

a：梁高

参考：《钢筋混凝土结构计算规范》（（社团法人）日本建筑学会）等

接头的搭接长度和梁筋的固定长度 - 表1

（建筑规范施行令 73 条）

	可设置的部分	搭接长度和固定长度
搭接长度	拉伸力的最小部分	接头钢筋直径的 25 倍以上
	上述以外的部分	接头钢筋直径的 40 倍以上
固定长度	柱	固定梁的钢筋直径的 40 倍以上

钢筋的保护层厚度、间隙的最小尺寸 - 表2

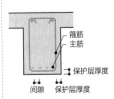

箍筋
主筋
保护层厚度
间隙　保护层厚度

钢筋的保护层厚度（建筑规范施行令 /3 条）

部位、部分	保护层厚度
非抗震墙、楼板	2cm 以上
抗震墙、柱、梁	3cm 以上
接地的墙、柱、楼板、梁	4cm 以上
条形基础上折部分	
（上述以外的）基础	6cm 以上

钢筋的间隙最小尺寸

	以下最大的尺寸
异形钢筋、圆钢	① 统称数值的 1.5 倍 ② 粗骨料最大尺寸的 1.25 倍 ③ 25mm

参考：《钢筋混凝土结构计算规范》（（社团法人）日本建筑学会）等

非木结构的构法

79

034 RC（钢筋混凝土）结构

施工方法

支撑现场浇筑的模板技术

 要点
- ◆ 爱迪生也设想过"预制模板"
- ◆ 欧美的砌筑文化是以PCa（预制混凝土）为主流，日本经验丰富的木匠以现场浇筑为主流

是现场浇筑，还是PCa

RC结构的施工是现场浇筑（也称场地浇筑）混凝土，还是预制混凝土（PCa，参照88页）有很大的不同。前者是绑扎钢筋后，在建筑物的该场所、即现场根据形状架设模板（form），再向模板中浇筑混凝土，经过保养、脱模制作而成（照片1）。后者是将事先在工厂做成的RC构件在现场进行组装。

现场混凝土浇筑的标准施工是由绑扎钢筋、架设模板、浇筑混凝土、（保养）、脱模的4（5）个部分组成。

在钢筋施工中，多使用预先在现场以外的地方将钢筋焊接组合的预制钢筋。

据说在很早以前，托马斯·爱迪生设想过"预制模板施工法"，但大型模板和滑升模板（将模板慢慢提升，连续浇筑混凝土的方式，照片2）、一次性模板（不需脱模，将模板直接作为饰面

或装修基层使用的方式）等，是现代以合理化为目标的施工方法。

支撑现场混凝土浇筑的模板技术

与混凝土接触的模板中有能简单加工的胶合板模板，也有钢制模板（金属形式）等。在模板工程中，有支撑挡板的横档和方木，模板拉杆，支撑这些临时的支架、支柱等，此外还需要与模板紧固杆形成一体的、能确保墙体厚度和梁宽的模板间距控制杆和确保保护层厚度的垫块等（图1）。

混凝土工程中，使用来自混凝土搅拌站、用水泥搅拌车送来的预搅拌混凝土（也叫商品混凝土）。作为施工性的指标，传统的做法是抽查坍落度试验后，对坍落以厘米为单位读取坍落度的值，该值越大越软。在日本，由于使用混凝土泵车浇筑的情况较多，坍落值往往较大（图2）。

现场浇筑混凝土 - 照片1

使用混凝土泵车，浇筑混凝土，为使混凝土充实各个角落，使用了振动器。

以合理化为目标的施工方法 - 照片2

对电梯和楼层房间等垂直交通核部分采用滑升模板，其他部分采用预制构件叠层施工法的例子（澳大利亚）

模板和相关辅助材料 - 图1

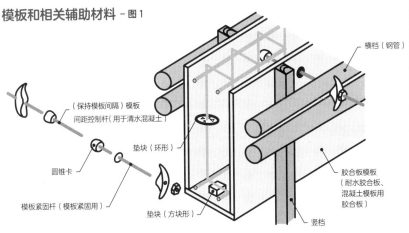

横档（钢管）

（保持模板间隔）模板
间距控制杆（用于清水混凝土）

垫块（环形）

圆锥卡

模板紧固杆（模板紧固用）

垫块（方块形）

竖档

胶合板模板
（耐水胶合板、
混凝土模板用
胶合板）

模板可转换反复使用，脱模所需时间要根据混凝土的种类、不同的模板、建筑物的部分、平均气温等而定，也有通过压缩强度试验进行确认的方法（参照77页表2）

坍落度 - 图2

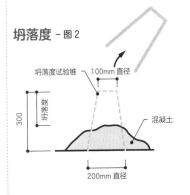

坍落度试验锥

100mm 直径

坍落度

300

混凝土

200mm 直径

035 RC（钢筋混凝土）结构

RC 框架结构

梁采用箍筋，柱采用环箍筋

 要点
◆梁的箍筋和柱的环箍筋的关注度不断增加
◆结构截面首先假定外形尺寸，接着用钢筋进行调整

一般的 RC 结构是由柱和梁刚性连接，组成框架后，加上楼板和屋顶板构成。根据情况也可并用抗震墙。也可建造 50 层以上的超高层住宅，但一般使用在 10 层以下的较多，柱距跨度大多为 6 ~ 8m（图 1）。

梁的拉伸应力

把重力作为基础只有垂直荷载时，梁的拉伸应力在中央部经常发生在下侧，在端部发生在上侧，但由于地震等水平荷载的方向不同，有时可能产生在下侧（图 2）。主筋考虑这些要素进行配筋。梁上放入与主筋成直角的称为箍筋的加强筋（stirrup）。建筑基准法实施令中规定了该间隔应在梁宽的 3/4 以下（图 3）。

梁的箍筋和柱的环箍筋

柱子产生的弯曲应力会由于水平荷载的方向而变化（图 2）。对于由正方形、

长方形、圆形等对称形的截面形状组成的柱主筋，应以重心轴为中心进行对称配置。

相当于梁的箍筋，在柱子上加入环箍筋（Hoop）。环箍筋除了有防止因剪切造成龟裂的作用以外，也可防止主筋的压曲，确保作为结构体的韧性发挥作用。建筑规范实施令规定间距为 15cm（与墙、梁的连接部位附近为 10cm）以下（图 3）。

在制定 RC 结构建筑物的构法规划时，需要假设结构主体的截面。柱子、梁的截面是柱距，即跨度的 10% 为基准。再者，关于柱子直径，从柱子本身的压曲和配筋等理由考虑，规定须确保层高的 1/15 以上。

从柱和梁结构的含义上看，应以柱芯与梁芯的一致为原则，但在最下层和最上层的柱和梁的截面存在相当的差异。然而在实际连接中，需要考虑包含墙外观、收头部位的处理之后才能决定。

RC 框架结构 - 图 1

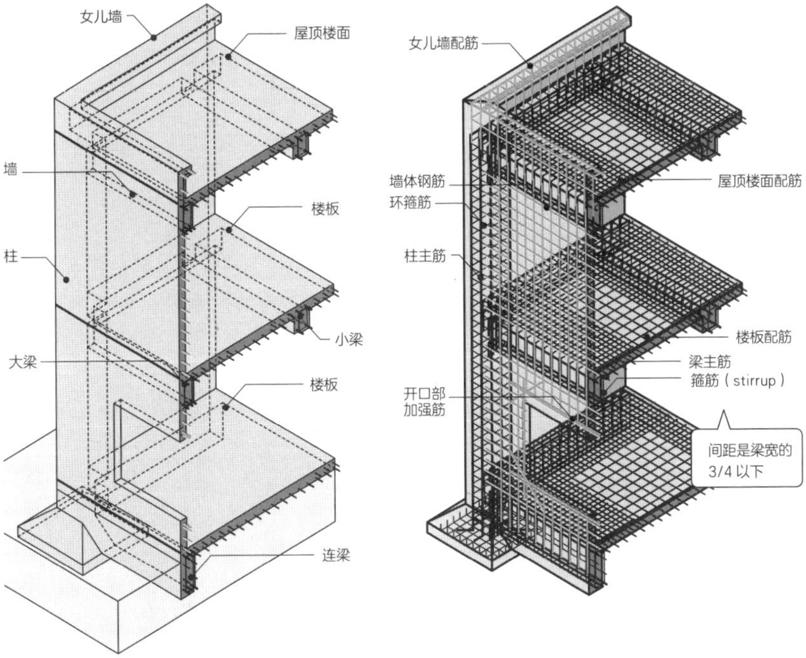

女儿墙
屋顶楼面
墙
楼板
柱
小梁
大梁
楼板
连梁
女儿墙配筋
墙体钢筋
环箍筋
屋顶楼面配筋
柱主筋
楼板配筋
梁主筋
箍筋（stirrup）
开口部
加强筋
间距是梁宽的
3/4 以下

弯距的分布 - 图 2

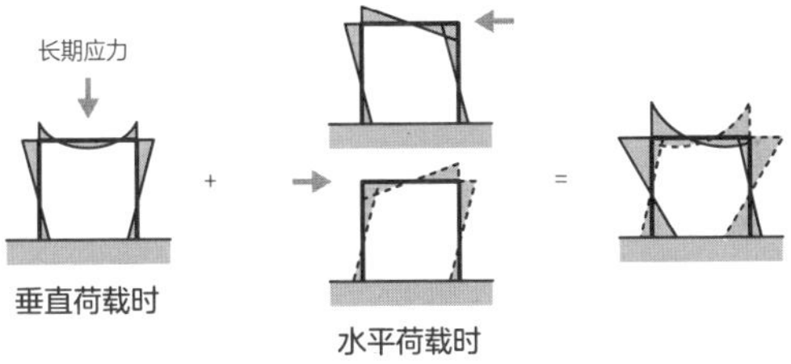

长期应力
+
=
垂直荷载时
水平荷载时

框架结构中的梁柱配筋图例 - 图 3

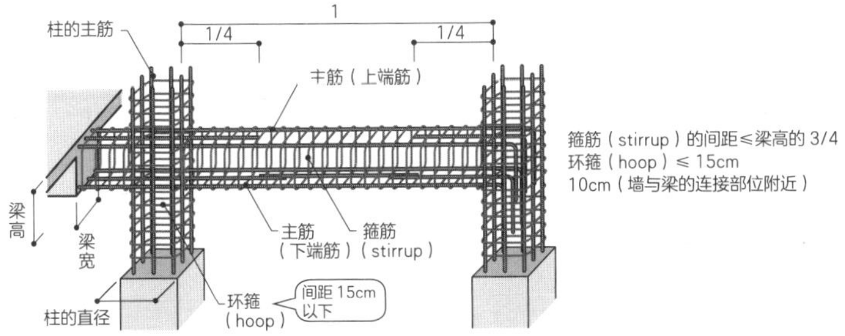

1
1/4
1/4
柱的主筋
主筋（上端筋）
梁高
梁宽
柱的直径
主筋
（下端筋）
箍筋
（stirrup）
环箍
（hoop）
间距 15cm
以下
箍筋（stirrup）的间距≤梁高的 3/4
环箍（hoop）≤ 15cm
10cm（墙与梁的连接部位附近）

036 RC（钢筋混凝土）结构

楼板和墙体

结构 + 隔声性确定厚度

 要点
◆楼板厚度不仅是结构，也是阻隔楼板冲击声的重要因素
◆无梁的平楼板在日本有难度

作为结构要素的楼板

RC 框架结构的楼板不单是支撑楼板自身和楼面上的物体，还承担着将水平荷载传递到柱梁的作用的结构要素（图 1）。规范规定四边固定的楼板的厚度应在 8cm 以上，而且是短边方向跨度的 1/40 以上，但梁的格子状的上下配筋为 12cm 以上。图 3 是表示各楼板（图 2）的板厚和支撑跨度的关系，但近几年，考虑到龟裂和疲劳以及撞击声等，有采用加厚楼板的倾向。

此外，作为特殊的楼板例子，有反梁板。反梁板是在梁的下端设置楼板，施工难度较大，但在楼板中设置配管则是方便的（图 4）。

直接用柱支撑的无梁楼板的构造，也被称呼为蘑菇结构，或无梁板结构。因为没有梁，具有方便设置通风管道，楼的层高可以降低，模板、钢筋工程易

操作等优点。但在日本，水平荷载的处理等难点较大，楼板也容易变厚，采用的案例很少（图 5）。

抗震墙和非承重墙

结构上，墙体分为承重墙和非承重墙。是承重墙有抵抗垂直荷载和水平荷载的抗震墙——承重墙（Bearing Wall），也有只抵抗水平荷载的抗震墙——剪力墙（Shear Wall）。抗震墙的墙厚需要 12cm 以上，根据需要配置单层或双层的纵横向格子状绑扎的钢筋。前者称单面钢筋墙，后者称双面钢筋墙（墙厚 20cm 以上）。

另一方面，具有维持自身荷载力的是非承重墙，称为 Curtain Wall（CW，参照 190 页）。非承重墙在 RC 结构中，墙厚 10cm 左右，一般外墙比内墙厚。如要在墙上设置开口部，除了在开口部周围外，在斜方向上也须配置加强筋。

楼板的配筋 – 图1

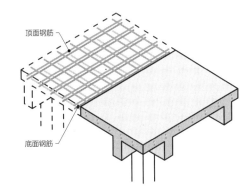

顶面钢筋

底面钢筋

楼板的形式 – 图2

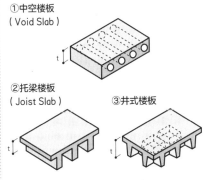

①中空楼板
（Void Slab）

t

②托梁楼板
（Joist Slab）

③井式楼板

t

t

除标准的平面楼板外，还有单向设置小梁的中空楼板、托梁楼板、双向设置格子状小梁的井式楼板。这些楼板的使用是以谋求大空间为目的的

各种楼板的板厚与
支撑跨度的关系 – 图3

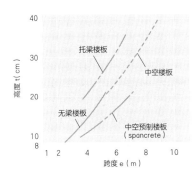

参考《预制构件建筑的结构规划和设计》（高坂清一、鹿岛出版会）

反梁板 – 图4

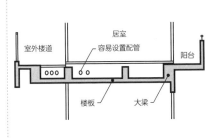

室外楼道

居室

容易设置配管

阳台

楼板

大梁

无梁楼板构造 – 图5

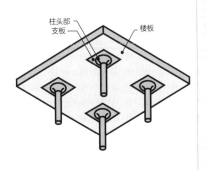

柱头部
支板

楼板

037 RC（钢筋混凝土）结构

承重墙结构

适用住宅建筑的承重墙结构

 要点
◆墙体结构是受地震破坏较少的结构，适用于柱子外形等不突出的住宅
◆墙厚和配筋等有标准，虽方便但也受制约

承重墙结构的存在理由

让承重墙替代梁柱结构，由承重墙和楼板构成的方式称为承重墙结构。承重墙结构也有各种的砌筑结构和圆木结构构法，但在日本 RC 结构较多。承重墙结构梁柱都不向外突出，使用很方便，在住宅中，存在一定程度的墙是没有问题的，很少受地震的危害，由于其在抗震上效果显著等理由，被住宅建筑广泛采用（图1）。一段时期，批量建造的、被称为单元式住宅的多层建筑多采用该承重墙结构。

承重墙结构有如上的优点，但结构解析很难。然而从实用性的观点看，对于主要的承重墙的墙量和墙厚、配筋要领等，遵照建筑规范实施令，依据告示和日本建筑学会的设计规范进行处理。但由于平面形状是不规整的，且承载的荷载过大，使用这种结构的前提是不包括与框架结构并用的建筑。

另外，作为 RC 承重墙结构容许的规模范围是地上 5 层以下，屋檐高度20m 以下，一般层高 3.5m 以下。

承重墙结构的规范标准

表中所列是 RC 承重墙结构的承重墙墙量、墙厚的最小值。所谓墙量就是指在平面上垂直交叉的 X、Y 的两方向，将该楼层的地面面积除以承重墙长度所得的数值。当然，非承重墙即幕墙，与这些数值是没有关系的。

此外，在承重墙中，对于混凝土截面面积的抗剪加强筋的比例、承重墙的端部和连接的角部，以及开口部周围等配置抗弯加强筋，另外对于开口部上部等承重墙连接的墙梁和基础的连接梁等高度、宽度等有相应的规范。

其他与屋顶、地面、基础等相同，按照前述 RC 结构的规则进行设计、计算。

RC 承重墙结构 - 图1

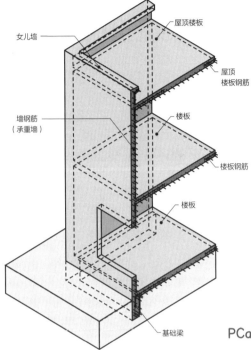

- 女儿墙
- 屋顶楼板
- 屋顶楼板钢筋
- 墙钢筋（承重墙）
- 楼板
- 楼板钢筋
- 楼板
- 基础梁

多层承重墙结构（楼面、墙分别浇筑）

在日本，楼面模板完工后，一般是楼板和墙的混凝土一次浇筑。但从施工合理化的观点看，有时也会分别浇筑

承重墙的最少墙量和墙厚 - 表

（平成 6 建告 1908 号）
（单位：墙量 =cm/m²，墙厚 =cm）

		5 层楼	4 层楼	3 层楼	2 层楼	1 层楼
5 层	墙体量	12				
	墙体量	15				
4 层	墙体量	12	12			
	墙体量	18	15			
3 层	墙体量	12	12	12		
	墙体量	18	18	15		
2 层	墙体量	15	12	12	12	
	墙体量	18	18	18	15	
1 层	墙体量	15	15	12	12	12
	墙体量	18	18	18	15	12
地层	墙体量	20	20	20	20	20
	墙体量*	18	18	18	18	18

* 考虑保护层厚度关系，多采用 19 以上

PCa 装配楼板的形状 - 图2

①中空楼板

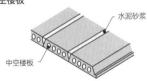

- 水泥砂浆
- 中空楼板

PCa 无论是否现场浇筑，都应是中空的，谋求楼板的轻量化和高刚性的楼板可以实现无小梁的空间

②将桁架式钢筋的一部分作为底部钢筋包括在内的一次性模板

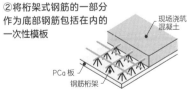

- 现场浇筑混凝土
- PCa 板
- 钢筋桁架

将底部桁架式钢筋的一部分预先浇筑，在现场配制顶面钢筋，再浇筑混凝土，由此完成楼板施工。同时，力求与周边的梁等形成一体化的称为半 PCa

038 RC（钢筋混凝土）结构

PCa（预制混凝土板）

大型混凝土预制板式为一般做法

 要点
◆也有在工地附近制造的现场预制板
◆为了普及阻燃结构曾经也有中型混凝土板，但现在构件大型化成为主流

PCa 的特征

对在建筑物现场以外，由工厂制造的混凝土构件称为预制混凝土板（PCa，Pre-Cast concrete）。在大规模工程中，也有将 PCa 工厂作为临时设施建设在现场周围，进行 PCa 制造的方式（saitopurefuabu）。PCa 构件总体上来说很重，搬运非常困难，而工厂的设施、设备却比较容易设置。

当进行混凝土现场浇筑时，考虑到施工效率（参照 80 页）坍落度往往较大，但 PCa 在制作中，坍落度几乎接近零。因此，可以期待混凝土的填充可以达到密实、充分保养、高强度，再加上钢筋的正确配置等，可以获得质量稳定的混凝土。

PCa 的施工需要起重机。PCa 板与竣工后相比，在施工中的吊装和搬运时常常会产生最大应力，因此在构件的设计阶段，需要事先考虑好配筋等。

对接合部的考虑

除了局部使用 PCa 外，也有整体使用的情况。将承重墙结构的楼板和墙板换成 PCa 构件的就是承重墙式的预应力混凝土结构，一般采用房间实际尺寸的大型构件（图）。

PCa 的接合部，有将钢筋相互连接的方式，也有用钢板集中连接的方式。前者可取是因为着重考虑力的分散，然而由此会产生连接部位变得过多等问题（图是关于主要的连接部位的实例）。后者只需较少的连接部位就可以了，但需注意应力集中问题。

过去有过高度为一个楼层，宽为 1m 左右采用中型构件的方式。这种方式在吊装时机械规模比较小，对普及有一定质量的 RC 结构的建筑物是有意义的。但是，由于预制板较薄会发生性能上的问题等，现在几乎不建造了。

承重墙方式的钢筋混凝土预制板结构－图

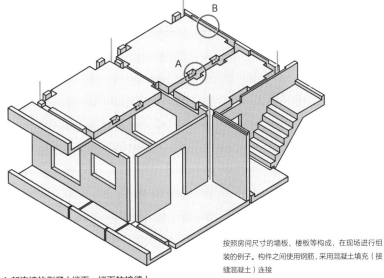

按照房间尺寸的墙板、楼板等构成，在现场进行组装的例子。构件之间使用钢筋，采用混凝土填充（接缝混凝土）连接

上图 A 部连接的例子（楼面—楼面的接缝）

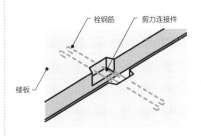

栓钢筋　剪力连接件

楼板

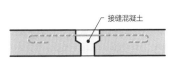

接缝混凝土

上图 B 部分连接的例子（墙—楼面的接缝）

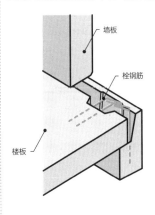

墙板

栓钢筋

楼板

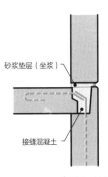

砂浆垫层（坐浆）

接缝混凝土

参考：《结构用教材Ⅰ》（（社团法人）日本建筑学会等）

039 RC（钢筋混凝土）结构

PC 结构

不产生拉伸的巧思

 要点
◆让拉伸较弱的混凝土，不产生拉伸的方法
◆在PCa中以中空PC板是主流，在现场浇筑中施加预应力无梁板工法是主流

PC（预应力混凝土）结构的原理

通常，梁由于荷载，上侧会产生压缩力，下侧会产生拉伸力。如果预先在下侧施加压缩力，在平时就不会产生拉伸力，类似混凝土那种拉伸较弱性质的材料为好。这种计划性施加的应力称为预应力，对柱子和梁等主要的部分预先导入预应力的材料称为预应力混凝土（PC，Prestressed Concrete）（图1）。

PC 结构除了 PC 钢材以外，也使用RC 结构的圆钢，可以认为也是 RC 结构的一种，其特征如下：

● 发生裂纹的可能性降低，耐久性较好。
● 强度、刚性出色，通过削减构件截面面积，也减轻了自重，可以用于大跨度的空间架构。
● 由于使用高强度的混凝土和钢材，增加了造价，生产、施工也较复杂。

PC 钢材有 PC 钢棒、PC 钢丝、PC钢绞线（钢绞线），比较普通的钢材具有 2 倍以上的强度（表1）。另外，混凝土也要求具有较高的抗压强度（表2）。

PC 结构的种类

对 PC 结构，有两种方式。一种是配置具有拉伸力的 PC 钢材后浇筑混凝土，硬化后，解开 PC 钢材的拉伸，施加压缩应力的工厂制造的预拉伸（Pre-tension）方式；另一种是放入护套浇筑混凝土，硬化后，对 PC 钢材施加拉伸力，使混凝土产生压缩应力的现场施工的后拉伸（Post-tension）方式。

图2 是预拉伸方式的产品例子。后拉伸方式中，RC 结构的楼板，PC 钢材不附着混凝土的预应力无梁板工法，施工性好，为实现无小梁宽阔的楼板，在集合住宅中得到了广泛的使用（图3）。

预应力的原理 - 图1

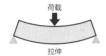

①因荷载产生的应力

荷载

拉伸

梁的下侧形成拉伸

②因预应力产生的荷载

压缩

事先对下侧进行压缩

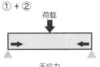

① + ②

荷载

无应力

在平时的状态不产生拉伸

PC 圆钢的拉伸强度 - 表1

种类	N/mm²
A 种 2 号	1030 以上
B 种 1 号	1080 以上
B 种 2 号	1180 以上
D 种 1 号	1230 以上

根据施工方法、混凝土设计标准强度 - 表2

（平成 12 建告 1462 号）

施工方法	混凝土设计标准强度
预拉伸	不小于 35N/mm²
后拉伸	不小于 30N/mm²

预拉伸方式的主要 PC 产品 - 图2

①单梁 T 形楼板

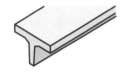

②中空 PC 板

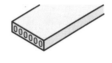

中空 PC 板与形状相似的钢管楼板相比，相对支撑跨度，其楼板厚度可以减薄（参照 85 页）

后拉伸方式的 PC 楼板 - 图3

①后拉伸施工方法

配置护套

插入 PC 钢材

浇筑混凝土

拉伸作业

灌浆作业

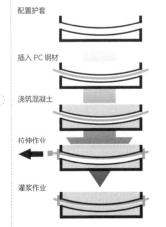

拉伸作业后将混凝土灌入，使 PC 钢材和混凝土形成整体

②预应力无梁板工法

配置预应力 PC 钢材

浇筑混凝土

拉伸作业

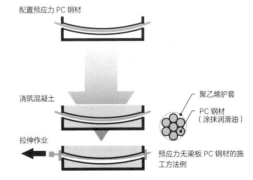

聚乙烯护套

PC 钢材（涂抹润滑油）

预应力无梁板 PC 钢材的施工方法例

不让 PC 钢材与混凝土附着

040 其他结构

SRC 结构（合成结构）

日本独创的构法未来

 要点
◆SRC是钢结构和RC结构的合成结构
◆通过超高强度混凝土的实用化，SRC结构正在逐渐失去其存在的意义

SRC 结构的特征

在钢结构骨架的周围配置钢筋，搭建模板浇筑混凝土的建筑物称为钢骨-钢筋混凝土混合结构（SRC, Steel-Reinforced Concrete）。因为与一般的 RC 结构相比，钢材的比例更高，截面尺寸可以很小。另外，由于被混凝土包裹，与钢结构相比其耐火性更加出色。由于这些特征，SRC 结构多使用在十几层高的建筑和超高层建筑物的下层部分。

SRC 结构是多地震的日本独创发展起来的构法。所用的材料和各种的规范原则上与 RC 结构和钢结构使用的规范相同。图 1 是柱子和梁连接部位的例子。在 SRC 结构的比重中，其钢材的占比较高，比普通的 RC 结构高 0.1 t / ㎡ 左右（2.5 t /m²）。

尽管 SRC 结构有这样的特征，但需要进行钢结构和 RC 结构两种施工，且钢骨和钢筋的组合使模板变得复杂，因而要确保混凝土浇筑质量十分困难，工程造价也会随之增大，近几年该施工方法正在锐减。

其他合成结构

像 SRC 结构一样，由多种结构方式组成的结构体称为合成结构。

CFT（Concrete，Filled steel-Tube）是将钢管混凝土作为柱子的合成结构，与采用非填充混凝土钢管的钢结构相比，可以省略或降低耐火涂层，刚性也高，近几年使用例子正在增加（图 2）。圆形中空截面的钢管，不仅有较强的抗弯、抗变形、抗局部压屈等特性，而且由于圆形截面没有方向性，作为结构材料具有较多的优点。

此外，也有梁为钢结构，柱子为 RC 结构的建筑物（图 3 ①）。这种情况的钢制梁的连接，正在尝试应用在楼板区域中梁的 U 字形固定上，或使用十字形固定五金件等（图 3 ②）。

SRC 结构的柱和梁的接合部 - 图1

SRC 结构是钢结构和 RC 结构的合成结构之一，是在多地震的日本发展起来的构法，但由于施工复杂和造价高，近年正在减少

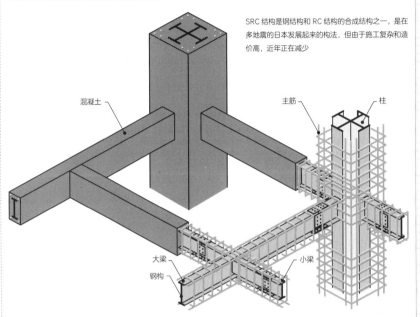

混凝土

主筋

柱

大梁

钢构

小梁

钢管混凝土结构的 CFT - 图2

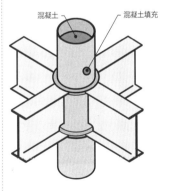

混凝土

混凝土填充

柱、梁的接合形式与钢结构相同，从焊接柱脚的附近开始填充混凝土

混合结构 - 图3

① 大成建设 CSB (Composite Super Beam)

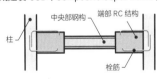

柱

中央部钢构

端部 RC 结构

栓筋

② 鹿岛建设 NEOS 施工方法

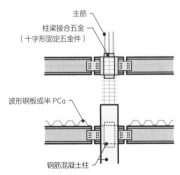

主筋

柱梁接合五金件
（十字形固定五金件）

波形钢板或半 PCa

钢筋混凝土柱

93

041 其他结构

砌筑结构

西式风格设计的本源

 要点
◆凌云阁（浅草12层、东京都）也遭到了典型的震灾破坏，没有加固是难以使用的
◆砖的大小·砌筑方法是源于西洋风格的设计

砌筑结构的通用规范

砌筑结构顾名思义，是由砖、石材等块状材料组合砌筑起来的，作为抗震墙的承重墙结构，没有类似柱子的东西。抗震墙和抗震墙上的卧梁、条形基础作为主要的结构要素。

相比整体化的混凝土承重墙结构，砌筑结构考虑了具有实效性的抗震墙的均等分散配置，有以下详细限制（图1）：
● 以墙的轴线分割的平面面积
● 对相邻墙的轴线间的距离
● 对抗震墙形状的限制

图1中的限制是有关加固CB结构（参照96页）的日本建筑学会的规范。

砌筑一般要求采用砖上下错位，分散荷载称为"分段缝"做法，用钢筋等加固时，采用上下对齐的"直线接缝"的做法。

没有钢筋加固的砌筑结构，不但缺乏整体性而且沉重，抗震性能低。难以

设大的开口，由于热容量大，不易受寒暖的影响。在日本自从遭遇关东大地震等的灾害以来，开口部的大小受到严格限制，而且相比其他的结构，墙具备一定的厚度是有一定道理的，砌筑结构仅限于非常轻的建筑物，砌筑工程很多情况下仅作为装饰工程使用。

砖结构是欧美的典型

以砖为材料的砌筑结构是欧美的典型建筑构法，有各种各样的积累。为实现坚固的墙体，需要设法将上下接缝错位，将砖的长方向的大小作为墙体厚度的称为一砖砌，此外还有半砖砌、一砖半砌、两砖砌等。图2、图3是典型的砌筑方法，有英式砌筑法、荷兰式砌筑法（由于将Flemish bond误译成法式砌筑法，这个叫法在日本已经固定下来）。

这种接缝图形在日本一般使用在瓷砖的贴法和墙纸的设计上。

砌筑结构的抗震墙规定（数值是加固型 CB 结构的图例）- 图 1

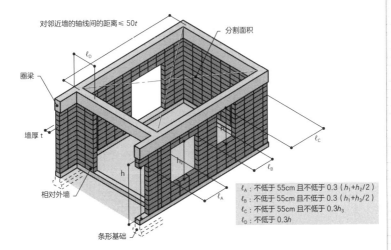

对邻近墙的轴线间的距离 ≤ 50t

分割面积

圈梁

墙厚 t

相对外墙

条形基础

ℓ_A : 不低于 55cm 且不低于 0.3（h_1+h_2/2）
ℓ_B : 不低于 55cm 且不低于 0.3（h_1+h_3/2）
ℓ_C : 不低于 55cm 且不低于 0.3h_3
ℓ_D : 不低于 0.3h

英式砌筑法和荷兰式砌筑法 - 图 2

英式砌筑法

顺砖层和顶砖层的缝相错

荷兰式砌筑法（法式砌筑法）

各层的顺砖层和顶砖层的缝相错

英式砌筑法（一砖半砌筑法）- 图 3

砖的形状和名称 - 图 4

①**完整形状的砖**

60
210   100

②**对开顺砖**

210   1/2

③**七五分砖**

3/4   100

④**半砖**

1/2   100

⑤**四分之一砖**

1/2   1/2

⑥**二五分砖**

1/4   100

砖的大小因地区而不同，标准的尺寸是 20cm×10cm×6cm 左右。为了实现使用英式砌筑法和荷兰式砌筑法，在角落部需要使用小的砖

042 其他结构

加固型砌筑结构

用钢筋支撑的 CB 结构

 要点
◆一砖砌的 CB 结构自然会漏水和结露，称之为缺陷是莫须有的罪名
◆将 CB 围墙改成绿篱、政府提供的补助金不仅是环境对策，也是考虑应对地震时的安全对策

加固型 CB 造

对砌块状的构件用钢筋进行加固，形成附带抗震性能的建筑就是加固型砌筑结构。带有设置钢筋孔洞的混凝土砌块（CB），在用钢筋加固的同时，层层垒筑起来的加固型 CB 结构（图 1、图 2）是其典型，另外，也有将 CB 作为一种一次性模板使用的模板型 CB 结构等（图 3）。

加固型 CB 结构的抗震墙将根据层数等，规定最小墙量、墙厚和墙的配筋要领等（表 1）。

连接叠层砌筑的砌块端部的构件是圈梁。圈梁在固定抗震墙的加强筋后，针对水平荷载与抗震墙形成整体，此外还作为墙缝的歪斜、不平的调整材料使用。通常是在现场浇筑混凝土，与楼板或屋顶楼板形成一体。在砌筑结构中，开口部上侧的过梁也很重要，有过梁用的砌块、PCa 过梁等。

CB 结构在二战前不言而喻，二战后也得到了广泛的利用，但由于漏水和结露较多等原因，现在几乎不再建了。但这类问题是结构问题，更是墙厚和构成的原因。

CB 非承重墙、围墙

采用 CB 结构的墙，作为非承重墙使用，也可作为钢结构和 RC 结构建筑物的隔墙、裙墙使用。由于非承重墙不承受自重以外的水平方向的荷载，并不需要太高的承载力，但为了防止地震、强风时倒塌和坠落，对规模的限制和墙厚有相应的规范（表 2）。

由于 CB 的围墙施工比较简单，得到了广泛的普及。由于地震造成坍塌，引起死伤事故的例子也很多，制定了相关的建筑规范实施令。

● 高度 2.2m 以下
● 墙厚不低于 15cm（当高度 2m 以下时 10cm）
● 长度每隔 3.4m 以内，高度不低于 1/5 的宽度的支墙垛
● 基础的厚度不低于 35cm，埋深不低于 30cm

加固型 CB 结构 – 图1

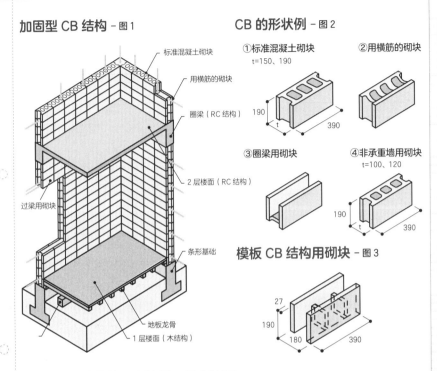

- 标准混凝土砌块
- 用横筋的砌块
- 圈梁（RC 结构）
- 2 层楼面（RC 结构）
- 过梁用砌块
- 条形基础
- 地板龙骨
- 1 层楼面（木结构）

CB 的形状例 – 图2

①标准混凝土砌块
t=150、190

②用横筋的砌块

190 / t / 390

③圈梁用砌块

④非承重墙用砌块
t=100、120

190 / t / 390

模板 CB 结构用砌块 – 图3

27 / 190 / 180 / 390

加固型 CB 结构的最少墙量、最小墙厚 – 表1

（单位：墙量 =cm/m²，墙厚 =cm）

3层	墙量	15		
	墙厚	15cm 且 h/20		
2层	墙量	A：21、B：18、C：15	15	
	墙厚	19cm 且 h/16	15cm 且 h/20	
1层	墙量	B:25、C:20	A：21、B：18、C：15	15
	墙厚	19cm 且 h/16	19cm 且 h/16	15cm 且 h/20
		3层楼	2层楼	1层楼

CB 非承重墙、墙厚的规模限制 – 表2

非承重墙的种类		最小墙厚（cm）	
		一般非承重墙	画镜线上部非承重墙
间隔墙的种类		12* 且 ℓ_1/25	12* 且 ℓ_2/11
外墙	地面以上的高度 10m 以下的部分	12* 且 ℓ_1/25	12* 且 ℓ_2/11
	超过 10m，20m 以下的部分	15* 且 ℓ_1/25	15* 且 ℓ_2/9
	跨度或外挑长度的最大限度	3.5	1.6

* 地面以上的高度 10m 以下的部分可作为 10cm

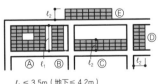

$\ell_1 \leqslant 3.5m$（地下 $\leqslant 4.2m$）
$\ell_2 \leqslant 1.6$

043 其他结构

地基、基础

地基工程和基础的选择

 要点
◆ 要考虑地基能否支撑建筑物? 采用何种方法才能支撑?
◆ 基础配筋与上层建筑相反

支撑基础的基础工程

建筑物的荷载通过基础传递到地基。为让地基有效地支撑基础,对地基进行处理的工作称之为基础工程。由于地基的状态是非均质的,要确保充分的支撑力,将沉降控制在容许量内,需要进行基础工程的情况很多。

基础工程有简便的且被广泛采用的碎石基础工程;荷载大的情况下,也有采用桩基的基础工程,以及地基改良法等。其中,为了增加地基的支撑力,改良松软地基土质本身的工法是地基改良法,除表 2 中提示的内容以外,还有通过注入水泥和药液,直接提高地基强度的工法。

基础和地基承载力

基础的种类中有独立底座基础、复合底座基础、连续底座基础(条形基础)、筏式地基等(图 1)。所谓底座基础就是尽量将荷载分散,用面积扩大到柱子和抗震墙下部的基础底部,也称底座。其底部面积根据荷载和地基承载力决定。

连续底座基础被大量使用在 RC 承重墙结构和木造住宅等的基础上。地板下面底座全面铺开设置的是筏式基础,被使用在软弱地基和荷载大的场合等。另外,基础底座是类似将地面楼板倒置那样的结构。

要寻求地基承载力就需要掌握地基的状况,收集用地周边的资料,必要时,作实际的挖掘,进行地基的调查等。在标准贯入试验中(图 2 ①),为了调查地层是否是黏土、砂、砾石的,由什么土质构成,会采用规定的穿心锤打击采样器,记录贯入 30cm 需要打击的次数(N 值)。独立住宅等,为了辨别土的软硬、密实程度、土层构成,多采用砝码和旋转贯入型的瑞典式回波探测试验(图 2 ②)。

按地基种类的容许应力目标值 - 表1

地基	对长期产生的力的容许应力强度（单位：kN/m²）	对短期产生的力的容许应力强度（单位：kN/m²）
岩基	1000	为对长期产生的力的容许应力强度的各数值的2倍
固结的砂子	500	
硬土层地基	300	
密实的砾石层	300	
密实的砂质地基	200	
砂质地层（限于地震不会发生土壤液化的地基）	50	
硬黏土质地基	100	
黏土质地基	20	
坚硬的亚黏土层	100	
亚黏土层	50	

地基改良施工方法的图例 - 表2

施工方法	概要
离心沉淀浮集法	对砂地层进行振捣，使间隙部分达到密实
砂渗法	去除土中的间隙水，形成砂坑，通过地表面填土等施加压力

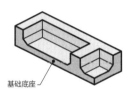

3

非木结构的构法

各种基础 - 图1

①独立底座基础

②条形基础

③伐基础

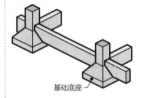

基础底座

基础底座

基础底座

地基调查试验 - 图2

①标准贯入试验

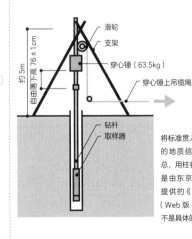

滑轮
支架
穿心锤（63.5kg）
穿心锤上吊缆绳
钻杆
取样器

约5m
自由落下高 76±1cm

将标准贯入试验中取得的地质信息与N值汇总，用柱状图表示。图是由东京都土木中心提供的《东京的地基（Web版）的凡例》，不是具体的案例

地基高、孔内水位单位（m）
网孔尺寸 35～78
号 码 23
N 值
地基高（顶部）26.30
孔内水位 -6.7

表土
砂质黏土
黏土质淤泥
砂质淤泥
亚黏土质砂
砂淤泥交互层
淤泥质砂
黏土质砾石
淤泥质砾石
泥岩层

※1 砂质地层
薄地层的状态下附上记号用文字表示
另外，如为砾石的情况下用砾石层表示

②瑞典式回波探测试验

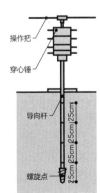

操作把
穿心锤
导向杆
螺旋点

25cm 25cm 25cm 25cm
25cm

99

044 其他结构

护坡、桩基

营造能够承受荷载的地基

 要点
◆使支护墙与地下外壁尽可能接近的施工方法被不断开发
◆相比建造的建筑物，"现有"的地基却难以把握

支护墙工程

当深挖规模巨大建筑物的地基时，在基坑侧面须做支护墙。支护墙采用木板桩、钢板桩（板桩）等，用钢制挡土横撑和横梁等支护手段支撑土压(图1)。

基础坑底应进行砾石基础工程，再浇筑垫层混凝土。垫层混凝土是不承重的，只作为基础工程的找平使用。作为下一步作业的大概基准，在垫层表面弹墨线，然后绑扎钢筋，进行模板作业。

提高地基承载力的桩基工程

当仅靠基础接触的地基面不能获得所需的承载力时，应进行桩基工程。根据材质桩可分为木桩、钢桩、混凝土桩。混凝土桩大致分为工厂生产的预制钢筋混凝土桩和现场浇筑的混凝土桩。另外，

根据荷载的传递形式，分为利用前端抗力到达规定的基岩层的支撑桩和利用与周边土产生的摩擦力的摩擦桩。

木桩主要使用松木。为避免腐蚀，打入地下水面下。钢桩一般使用的有钢管桩、H形钢桩等，但需要考虑由于腐蚀使钢材厚度变薄的问题。

预制钢筋混凝土桩尽管质量稳定，但由于打入时的噪声等问题，可采用图2中提示的施工方法。现浇混凝土桩是在地基上打孔，再浇筑混凝土。桩的截面、质量的确认较困难，但因为没有噪声问题，得到广泛的采用（图3）。

在混凝土桩和基础紧密连接时，要凿去混凝土，露出钢筋，在浇筑基础混凝土时，固定好后进行填埋。钢桩通过焊接与基础钢筋连接。

支护墙的施工方法 – 图1

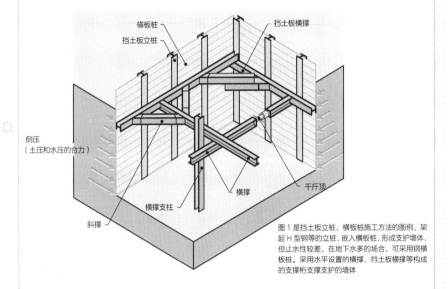

横板桩

挡土板立桩

挡土板横撑

侧压
（土压和水压的合力）

横撑

千斤顶

横撑支柱

斜撑

图1是挡土板立桩、横板桩施工方法的图例，架起H型钢等的立桩，嵌入横板桩，形成支护墙体，但止水性较差，在地下水多的场合，可采用钢横板桩。采用水平设置的横撑、挡土板横撑等构成的支撑桁支撑支护的墙体

预制桩施工方法 – 图2   ## 全旋转式（贝诺特工法）施工方法 – 图3

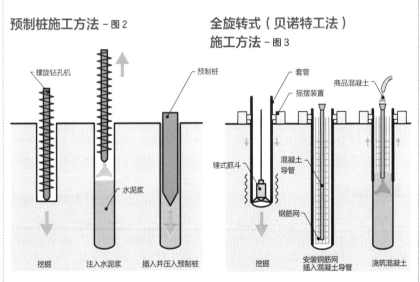

螺旋钻孔机

预制桩

套管

摇摆装置

商品混凝土

锤式抓斗

混凝土导管

水泥浆

钢筋网

挖掘

注入水泥浆

插入并压入预制桩

挖掘

安装钢筋网
插入混凝土导管

浇筑混凝土

预制的钢筋混凝土是事先利用螺旋土壤钻孔机等进行钻孔（预制桩施工方法），并开发了在桩的前端安装特殊凹坑，边旋转边埋设桩的旋转施工方法

为控制周围墙体的塌方，现浇混凝土桩除采用套管式圆筒的"全旋转式（贝诺特工法）施工方法"外，也有仅在表层部分采用套管的预制桩施工方法，以及在孔内注满水进行挖掘，将砂土与循环水一起排出的"反向循环施工方法"等

045 其他结构

地下室

应对地下水和结露

要点
◆如《地下室公寓》所看到的那样，法规会产生意想不到的建筑
◆地下居室有地下所具有的优势，但需要进行相应处理

增加地下室的理由

以提高土地利用的高效化为目标，1994年修改了建筑基准法，在容积率的计算中，住宅总面积三分之一以下的地下地面面积可以不作为面积计算。地下的温度是稳定的，通过地下室的建设，有可能获得更高的地基承载力。另外，根据建筑规范的解释，地平面以下层高为顶棚高度的三分之一以上的为地下室，增加地下室的条件得到了完善。可是实际上，包括法规上承认的地下室住户在内坡面地块的公寓也在增加。

防水和防结露

地下的外墙需要针对地下水进行防水处理，有在RC结构墙的外立面设置防水层的（图2①），也有在内侧设置防水层的。从结构考虑，设置防水是理想的，可是在市区建筑中，由于大多是基地建满了建筑，地下外墙竣工后的工程（后续工程），由于与周边相邻建筑的边界问题是不现实的。另外，竣工前的工程也因准备工作等原因往往无法进行外墙防水工程。实际上是多采用内防水（图2②）。

设备配管类在穿通地下外墙时，原则上应该设置在地下水面以上。另外，要在地下设置保温层时，与地上部分相同，设置在地下外墙的外侧（先遣工程）为好，与防水层相同，施工比较困难。

因此，无论是做外防水还是内防水，都要在内侧用混凝土砌块砌筑双层墙，考虑墙之间的渗漏水处理的方式很多（图2③）。

夏季的地下层地面和墙面等的表面温度，在露点以下的可能性很高，因此是需要注意结露的部位。岩基部分中存留来自地下的渗透水、漏水和结露水。然而，将岩基作为地下层进行使用时，可以设置双层楼板，用楼板下的连梁所围合的部分作为涌水池和蓄热槽。

地下室的构成 – 图1

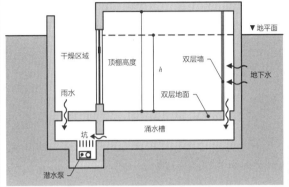

▼ 地平面

干燥区域
顶棚高度
雨水
双层墙
地下水
双层地面
h
涌水槽
坑
潜水泵

设置地下居室时，除要做防水和防结露外，采光和通风也会成为问题。一般情况下，是设置干燥区域，在该区域设置开口部，确保采光和通风

地下层的条件：$h \geqslant 1/3$
（特殊容积率的情况下 $H-h \leqslant 1m$）

地下室的防水 – 图2

①外防水

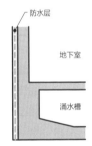

防水层
地下室
涌水槽

②内防水

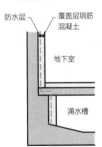

防水层
覆盖层钢筋混凝土
地下室
涌水槽

③双层防水

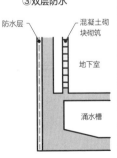

防水层
混凝土砌块砌筑
地下室
涌水槽

逆向施工基础 – 照片

将一层地面梁作为护坡的支护墙和操作台进行利用。为了缩短工期，与地面工程并行施工，采用与通常的结构工程做法相反的从上层向下层开挖的方法推进施工

046 其他结构

抗震、隔震、减震

防御自然灾害

 要点
◆在数百年一遇的地震中不倒塌，数十年一遇的地震中不损坏
◆放入就可以抗震，不放入可隔震或减少摇晃，如何选择？

"狭义的"抗震对策

地震的大小和台风时的降雨量、风速等大规模灾害的程度、概率可以通过设定重现年数，使用各地域以往的数据进行预测（图1）。重现年数综合是在对建筑物预计的使用年限和安全概率的基础上设定的。其中，关于地震和风速，经过所需程序，数据公布后，方可用于结构的讨论。

对地震的一般对策是在建筑物的主体结构中使用斜撑和抗震墙进行加固，以提高强度、刚度，饰面和基层能追随结构体的变形，这就是"狭义的"抗震。

"广义的"抗震对策

从抗震的设防考虑，作为住宅用的建筑物（即使不倒塌）变形、振动就会成为问题，对于现有的建筑物，进行抗震修复加固困难成为问题。另一方面，地震是因地基的晃动，只要将建筑物和地

基隔开就可缓和地震的震动，用低等级的抗震性得到相应效果的尝试就是隔震。

与地基隔离的方法，有橡胶和钢板组合的叠层橡胶和弹簧，以及用轴承状的物件吸收地震动等方法。在隔离的地方，不仅地基和基础之间，一层和二层之间等也可以在所规定的房间下方有目的地进行区别使用。图2是电子计算机房在架空可检视地板（双层地板）上设置的隔震装置图例，照片1是作为隔离器，通过在建筑物底部设置叠层橡胶，进行隔离，并为了控制变形使用阻尼用铅减震器的图例。

由于地震和风震动会产生逆行活动，因此减少震动的尝试就是减震。照片2是考虑采用液压阻尼器进行减震的例子。尽管减震有提高结构安全性的意义，但也有为了消除人的恐惧感，或保护建筑物内的装置和文物的目的。另外，一般来看减震与其说是应对地震的对策，更确切地说是应对风力的对策。

地震的地区系数和期望值 - 图1

①地震地区系数【Z】
(1980 建告 1793 号)

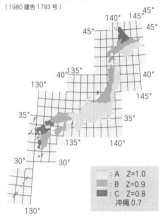

: A Z=1.0
: B Z=0.9
: C Z=0.8
冲绳 0.7

② 100 年间可能来袭地震的最大水平加速度的分布（单位: m/ 秒²）

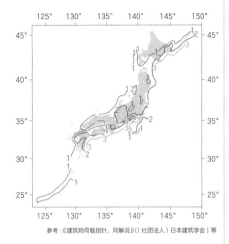

参考:《建筑物荷载指针、同解说》((社团法人)日本建筑学会)等

架空可检视地板的隔震地面 / 大林组 - 图2

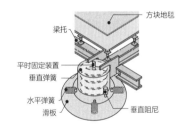

方块地毯
梁托
平时固定装置
垂直弹簧
水平弹簧
滑板
垂直阻尼

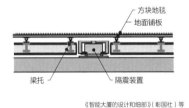

方块地毯
地面铺板
梁托
隔震装置

《智能大厦的设计和细部》(彰国社) 等

叠层橡胶和使用铅阻尼器的隔震 - 照片1

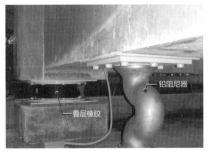

铅阻尼器
叠层橡胶

通过与地基的隔离，免于地震力的隔离器采用叠层橡胶，作为吸收震动能的阻尼器，利用铅的塑性变形的例子

采用液压阻尼器的减震 - 照片 2

在高层建筑中，相比地震产生的震动，台风产生震动的频率更高，对风力的应对更被重视

专题 3
世界的传统构法

混凝土砌块墙 – 照片 1

成为定位点的柱状物体有木质或钢筋混凝土等各种材料，因为
不是结构体，只是定位点，故材料不受限制，也不需要高精度
照片 1 是以 RC 骨架为定位目标的砌块砌筑结构的例子（北美）

砖墙 – 照片 2

以细钢构骨架为定位点的砖砌筑结构
的例子（南欧）

具有广泛选择的砌筑结构

所谓常见构法是指"一般"的构法，是综合考虑了各地域的文化、文明的传统，经济状况、社会环境等诸条件而存在的。当从宏观上理解各地区的普通构法时，将超越地域，在世界规模广泛普及的构法，在这里称为世界的普通构法。

说到世界规模的构法是在日本少见的砌筑结构。梁柱结构也是其中之一，

实现这个目标，需要丰富的木材、钢材或者高超的 RC 技术的普及，要说世界规模还是受到地域的限制。

如果是砌筑结构，首先是石材，没有石材可选择使用砖，或土坯砖。但由于砌筑使用的材料较小，砌筑时需要有一个对形状、尺寸的控制点，因此，在墙的交叉部建造柱状物体的做法应运而生（照片 1）。

水平部位的构法

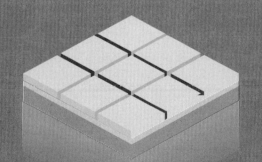

047 坡屋顶

屋顶的形状

屋顶的形状取决于多种理由

 要点
◆屋顶的形状由各种需求所决定
◆屋顶、降雨量越大、铺设的屋面材料越小，坡度就越陡

屋顶的作用和形状

屋顶与顶棚组合起来，将建筑物上部的室外和室内加以分隔。重要的是需要抵御雨（雪）、风、太阳辐射，要求的性能根据地域环境的不同而不同。

屋顶大致分为有坡度的坡屋顶和接近水平状的平屋顶，但在一般地区平屋顶的普及，是在可靠的防水材料出现的20世纪以后。

屋顶的形状从防雨的意义上讲，接缝少，简单为好。单坡顶虽简单，要保护上檐口的墙体比较困难，且雨量容易集中在下檐口。双坡顶的屋架比较简单，山墙上部接近屋脊附近可以方便地设置通风口，但山墙面外露较多，保护山墙方面存在若干问题。四坡顶的四周有屋檐，从保护墙的观点看是没有问题的，但不容易在山墙上设置通风口，屋架也比较复杂。接近正方形平面的情况下，四坡顶的斜脊汇集到一点，形成称作方

形攒尖的形状。歇山顶是在双坡顶的四面设置屋檐的形状，屋架比较复杂，在屋顶附近可以设置通风口，围绕房屋四周的屋檐可以保护墙体（图1）。

屋顶的坡度

为了使屋面的倾斜度和坡度易于作业，一般正切（tanθ）采用简单的数字。如采用4/10这样的分数来表示，传统上相对水平方向1尺，而上行高度称为寸，例如4寸坡度等。

图2是坡屋顶各部位的名称。漏水的危险性是降雨量，屋顶面积（屋檐和屋顶的间距）越大，且屋面铺设的材料（叠加）越小，可能性就越高。为回避这种情况就要加大坡度（表）。

以前，因为没有高防水性的屋面材料，所谓屋面材料就是用瓦片，可以对应屋顶形状，大多采用即使破损也可以局部修复的小瓦片，通过对屋面反复维护，进行防水处理。

屋顶的形状 - 图1

①单坡顶

②双坡顶

③四坡顶

④方形攒尖顶

⑤歇山顶

坡屋顶的各部位名称 - 图2

从防水处理考虑，屋顶的形状越简单越好，但这与建筑的平面、立面设计、装饰设计有密切的关系。因此，形状就变得复杂，产生了各种连接方式。

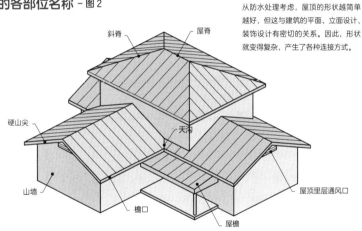

斜脊　屋脊　硬山尖　天沟　山墙　檐口　屋檐　屋顶里层通风口

屋面材料和坡度 - 表

近年来由于单位时间降雨量的增多，需要加大坡度。

金属折板瓦屋面	0.5/10
棒状折叠缝式长条金属瓦屋面	1/10
金属齐檐瓦屋面	2.5/10
住宅屋顶用饰面板岩屋面	3/10
挂瓦屋面	4/10

048 坡屋顶

屋顶的构成

坡屋顶的基础

要点
◆坡屋顶所要求的性能有各种，且程度很高
◆坡屋顶的形状、铺设方法成为外观建筑设计的重要元素

要求的性能

坡屋顶要求的性能不仅是排水（防雨），还要抗风（屋面材料也有关系，特别是屋脊、硬山尖、屋檐部等端部）、对室内火的热度的耐火（30min、屋架、屋顶楼板），作为延烧对策，采用阻燃材料也是重要的。在日本，由于市区内的屋顶原则上要求使用阻燃材料，因此茅草屋顶的传统建筑也采用了波形钢板等，使外观变得面目皆非。

另外，从耐久性和隔热的观点出发，也需要考虑通风、换气（基底层、屋架里）等。

正因为有坡度使收口处理、接缝变得复杂，在屋面材料中异性材料种类也很多。与外墙的连接自不用说，采用屋面罩住外墙的形式。

表是主要屋面铺设材料的性能比较。

坡屋顶的构成

坡屋顶的屋面覆盖整个屋顶，保护着建筑物，它由可将大部分雨水一次性排出的屋面材料、将屋面材料未能排净的雨水排出的下垫面材料、支撑屋面材料、基层材料的望板、椽子，以及屋顶结构（椽子以下的屋架或者屋顶楼板）构成。

基底材料过去的做法是将木材旋成薄片作为瓦下垫层，采用基于薄片瓦敷设（参照 112 页）原理的排列方式，但现在采用沥青屋面卷材等做防水。另外，以前用窄条板留出间隙进行排列作为望板，近年来大多采用胶合板等板材。

望板是由间隔约 4.5cm 设置的椽子来支撑的，椽子支撑着屋顶结构。椽子根据支撑的檩条间距和椽子出檐情况，可使用 4.5cm 左右的方木或 4.5cm×90cm（或柱子三等分）左右的构件（图）。

然而，在欧美等地区敷设屋面时，并不一定设置望板。与墙体相比可以说远没有设防（照片）。

各种屋顶构法的性能比较 - 表

性能＼屋顶构法	黏土瓦屋面	加压成型水泥瓦屋面	住宅屋面用饰面石板瓦屋面	金属板屋面	茅草屋面、木片屋面
防水性	由于在烧成时发生变形，缝隙变大，飞沫容易渗入	与黏土瓦相比缝隙较小	产品形状不同，差异较大	长条产品可用于缓坡屋顶，接触角小，易产生毛细管现象	有透水性，需要足够的坡度
抗风性	由于重量较大，有利，对周边的固定很重要	同左	需要注意因吸引力造成的弯曲破坏	重量过轻，不利，需要充分紧固	由于重量轻，在强风地区要注意
耐候性	在温暖地区有耐久性	表面涂层的耐久性成为问题	饰面涂层的耐久性成为问题	非铁金属板总体看寿命较长	容易腐蚀，根据环境和建筑的使用状况，差异较大
防露性	问题较少	同左	紧固五金件容易成为冷桥	热传导性大，不利	最佳
防火性	没有问题	同左	同左	同左	属可燃物，不得在市区使用
耐寒性	由于产地、材质不同，耐冻害性不同	有受冻害的可能	耐冻害性、耐积雪性有问题	可耐冻害，有较强的抗雪压、雪滑力	问题少
施工性	配件的种类多，难以应对变形屋顶	同左	尺寸大，效率高	长条板材效率高	专业技术人员不足
其他	由于重量重地震时容易受破坏	同左	易发生踩踏开裂	注意伴随雨声、风和热伸缩声	—
JIS	A5200	A5402	A5423	G3312 等	

参考：《建筑材料用教材》（（社团法人）日本建筑学会、丸善）等

坡屋顶的构成（波形瓦屋面）- 图

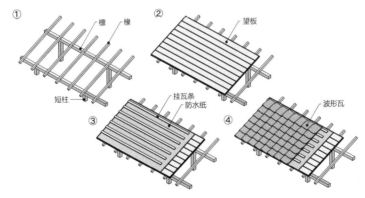

海外的坡屋顶（无望板）的例子 - 照片

东南亚的瓦屋面，省略了望板，直接将屋面材料安装在椽的挂瓦条上。一般认为是受荷兰的影响

4

水平部位的构法

111

049 坡屋顶

薄片瓦屋面和正规铺瓦屋面

屋顶的种类①

 要点
◆将单板瓦排列并叠置的薄片瓦敷设法是屋面材的基本做法
◆正规铺瓦屋面自古以来为特权阶级所使用，波形瓦屋面是江户中期开始普及到民间

薄片瓦屋面

木薄板称为 shingle，所谓木薄板屋面，如图1所示，就是将特定形状的薄木片排列叠置起来。因横向产生间隙，利用与上一层板错位（屋面瓦的外露部分、功能）2倍以上进深的板来接住缝隙间的水。

作为传统构法的木板瓦屋面和桧树皮木瓦屋面就是将木瓦多层叠置起来。另外，一个时期被住宅屋顶广泛使用的饰面石板瓦也是基于相同的原理。此外，石板瓦是薄板泥板岩的称呼，类似的产品称为石棉石板瓦，但现在是去石棉的时代，名称里的石棉文字也消失了（图2）。

正规铺瓦屋面

薄片瓦屋面是平板，铺瓦减少了叠置，雨水流入的地方是凹部，连接的地方是凸部。这个原理与棒状叠缝式屋面和折板屋面等是相同的。

铺瓦屋面的种类有正规铺瓦屋面、波形屋面、西式瓦屋面，形状也不同。作为窑业产品，产地和种类也很多，但根据烧制方法分类有熏制瓦、盐釉瓦、釉面瓦等。吸水率高的类型由于吸水后冻结，其体积膨胀（百分之几）使周边破损。由此反复造成的退化原因是冻害，在寒冷地区需要注意。有重量的瓦在抗震上是不利的，但有热容量大的特点。抗风对策上，外围部各1片，内部也尽可能固定密实为好。

波形瓦屋面除了外围，将形状大体相同的瓦进行连续的铺设（参照115页图2），而正规铺瓦屋面几乎全部铺设，有上下叠置的平瓦和覆盖左右连接节点的筒瓦两种（图3）。正规铺瓦屋面自古以来被寺院和城郭建筑所使用。屋面瓦与身份、门第有关系，平民房屋不得使用，不过据说由于从明历大火灾（1657年）以来频发大火，为了防止延烧，开始允许平民使用波形瓦屋面。

薄片瓦屋面 - 图1

屋面瓦的外露
部分

沥青防水纸

望板

住宅屋顶用饰面板岩瓦屋面 - 图2

屋面瓦的外露
部分

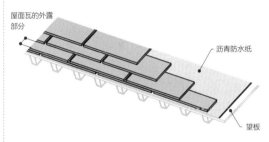

沥青防水纸

望板

正规铺瓦屋面 - 图3

平瓦

筒瓦

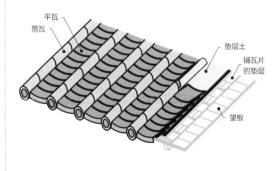

垫层土

铺瓦片
的垫层

望板

050 坡屋顶

挂瓦铺法和齐口压边铺法

屋顶的种类②

◆挂瓦铺法中凝结着正规铺瓦屋面和薄片瓦屋面的做法
◆挂瓦铺法与齐口压边铺法、正规铺瓦屋面以及棒状折叠缝式屋面，似非而是（而不是似是而非）

挂瓦铺法

波形瓦将正规铺瓦屋面的平瓦和筒瓦连接起来，好像成为一个整体，但如果就那样4张瓦片互相重叠的部分就无法收口。为此，瓦片的左上方和右下方设置切入口，组合后形成表面接连的样子。挂瓦条被固定在望板上，在上面排列瓦片，为了防止错位，在背面采用有突起的瓦片，被称作波形挂瓦（图1）。

水泥加压成型瓦（平形），与波形瓦采用相同的原理。与烧结品不同，尺寸精度很高，但经年累月会发生变色和褪色。取代左上方和右下方的切入口，也有将角斜切掉的做法。

屋顶部件之一、横向连接椽前端的部件是椽头板。这能从防水角度保护椽的横切面，在处理好前端的同时，使檐口在结构上形成整体。在双坡顶中，山墙一侧使用了与椽头板相同的、保护檩横切面的封檐板。在东南亚等地，挂瓦条的下方通过设置交叉的竖向挂瓦条，

更进一步考虑到了防水，近几年，这种方法被住宅生产厂家等广泛采用（参照170页）。

齐口压边铺法

金属板瓦的铺设方法有齐口压边铺法、竖向咬口铺法、棒状折叠缝式铺法等。齐口压边铺法与挂瓦铺法的想法类似，是金属板的施工方法（图2），棒状折叠缝式铺法与正规铺瓦法的思路相似。

齐口压边铺法就是将金属板的上下左右进行折叠，横向排列互相咬合（称咬口）时，预先将安装在基底上的吊件压卷进去，使其间接地与基底的望板相连接。一般金属板热膨胀率大，表面用钉等固定的话，由于夏冬季的温度差，钉孔会变大，不久就会脱落。这就是防御该问题的办法。连接金属板和金属板会使用咬口，金属板和基层的连接使用吊件，总之不仅对齐口压边铺法，也是整个金属板铺法共同的创意，是极为巧妙的构造。

波形挂瓦 – 图1

正面

反面

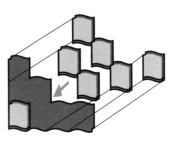

挂瓦铺法的各部分 – 图2

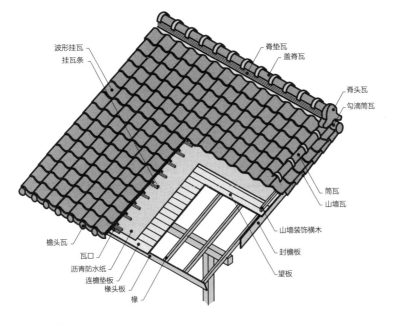

波形挂瓦
挂瓦条

脊垫瓦
盖脊瓦

脊头瓦
勾滴筒瓦

筒瓦
山墙瓦

山墙装饰横木

封檐板

望板

檐头瓦
瓦口
沥青防水纸
连檐垫板
椽头板
椽

齐口压边铺法 – 图3

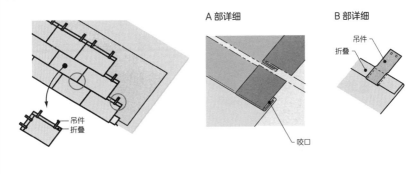

A 部详细

B 部详细

吊件
折叠

吊件
折叠

咬口

051 坡屋顶

棒状折叠缝式铺法和踏步式铺法

屋顶的种类③

 要点
◆接合部位于比雨流高的金属板屋面可以采用缓坡
◆金属板有电蚀的可能，严禁使用异型连接材料、黏合材料

金属板铺法

金属板有质地轻、可以在现场进行弯曲加工、热膨胀率高等特点，坡度缓（如果使用超长尺寸材料可以达到1/10左右），采用叠置少、材料浪费也少的工法成为可能。作为缺点，特别是使用超长尺寸材料，容易风灾等局部损坏而波及建筑整体，容易产生雨落声响。

在金属屋面的材料中，自古以来一直采用铜（对于传统建筑物的齐口压边铺法的屋面大多采用铜板），不过由于地震灾害和战祸的缘故，开始采用做过防锈加工的钢板，现在采用铝锌合金镀层钢板、不锈钢板、铝板等。金属板在沾水的地方使用，因电离化倾向的不同，为防止腐蚀，要避免与异质金属的接触。

棒状折叠缝式铺法

棒状折叠缝式铺法是类似将椽子那样的方木钉在望板上，在方木两侧铺设

U字形的金属板，将邻近的板和板折叠卷入窄条的逆U字形金属板中，与齐口压边铺法一样，将吊件折叠卷入，与基底牢固连接（图1）。特别是从屋脊到檐口用一张金属板铺设的长条棒状折叠缝式铺法，由于有漏水可能的折叠部与雨流部分相比处于较高的位置，能很好地防水，因此可以做到极缓的坡度。

棒状折叠缝式铺法中也有不使用木材的棒状折叠缝的，而是将钢板折弯代替无木芯的棒状折叠缝（图2）。

踏步式铺法

棒状折叠缝式铺法以及立式折缝（图3）是强调垂直线的屋面铺设方法，而强调水平线的屋面铺设方法则有踏步式铺法或横向踏步式铺法。从原理上看，其结构与齐口压边铺法相似，在工厂冷压成型加工的横向长条上铺金属板、强调水平接缝，使用接缝五金件，进一步强调水平线的做法很多（图4）。

棒状折叠缝式铺法屋面 - 图1

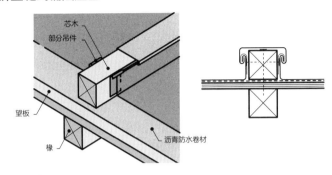

芯木
部分吊件
望板
椽
沥青防水卷材

棒状折叠缝式铺法（无芯木）- 图2

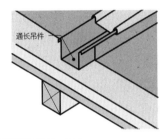

通长吊件

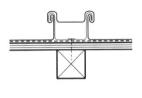

立式折缝铺法屋面 - 图3

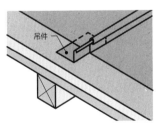

吊件

作为类似棒状折叠缝式铺法屋面的施工方法有立式折缝屋面。类似使用长条不锈钢在现场焊接的构法，广泛使用在不规则的屋顶和平屋顶改造等

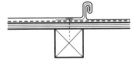

踏步式铺法 - 图4

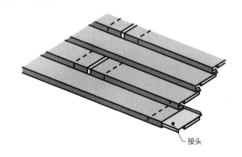

接头

硬质环氧树脂板

052 坡屋顶

折板屋面

屋顶的种类④

 要点
◆折板屋面的板材之间紧密连接的情况下一旦被风刮掉就会产生严重的二次灾害
◆干式作业中，构件之间的收口材料是必要的，钣金工是关键人物

折板屋面

将金属板和塑料板反复折弯使其具有刚性的形状，省略了椽、望板，直接架设在檩上的屋顶构法称为折板屋面。在加工后的金属板中，有可架设在大间隔檩上的折板，折弯成方形的波纹板（波形板）等多种类型。

这种木板屋面的凸部与基础连接防水效果好，可以做成缓坡（图1）。板的凸起部和凹陷部的差越大，其刚性就越强，檩与桁架系梁等的支撑间距就可以加大。如果这种材料与保温材料并用，从防止延烧的意义考虑，可认定为耐火屋顶结构。可以说这是一种具有开拓新用途可能性的产品。

可是，近几年，因振动和热伸缩两个方面的原因，固定部位的周围金属板劣化，强风发生了脱落这样的恶性事故。而且正因为板块过大，飞散、坠落等造成的二次灾害也会很严重（照片）。

当檩作为槽形钢时，边口朝上（漏水会积存）配置（图2）。另外，波纹板用挂钩螺栓等固定时，如果只挂住边口，局部可能会变形脱落，必须将槽钢全部包裹住（图3）。

钣金工是关键人物

瓦有很多的配套零部件，虽然只靠瓦工就可以完成屋面的铺设，但住宅屋顶采用饰面石板瓦等薄板屋面时，需要作为屋顶各部分收口的金属板。施工时，如果屋面铺设工程和钣金工程分别进行发包，防水等连接部位处理就比较困难，问题发生时其责任难以分清，由此采用总承包方式的屋面铺设工程开始了。这种新形态的关键人物就是钣金工。与其他部位相同，钣金工在干式施工化潮流中，可以说成了关键的工种。

波形板屋面、折板屋面 - 图1

①波形板屋面

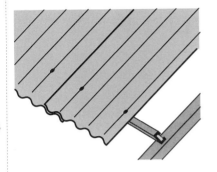

②折板屋面

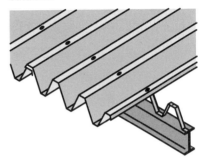

采用槽形钢的檩 - 图2

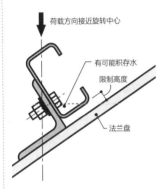

荷载方向接近旋转中心

- 有可能积存水
- 限制高度
- 法兰盘

用吊钩螺栓的固定 - 图3

好的例子　　　反面的例子

由于变形容易使吊钩螺栓脱落

飞散坠落的折板屋面 - 照片

尽管折板和波形板屋面的安装考虑到了基底的热膨胀，但飞散坠落事故还是连续不断。特别是近年来，夹有保温层的双层折板，由于上下热膨胀差异的原因，飞散事故成为问题

053 坡屋顶

屋顶的收口处理

防止雨水渗漏的方法

要点
◆坡屋顶接缝的泛水，比水流方向更难做的是与水流垂直交叉的方向
◆防水需要在考虑重力、毛细管（表面张）力、运动能、气流、气压差等基础上实施

收口处理的要点

坡屋顶如采用通常的铺设方法，一般局部漏雨情况较少。需要研究收口的部位较多。

详细内容将根据不同的铺设材料，收口处理的原则如图1所示。

与屋脊等相比天沟部分更需要十分注意泛水。特别是与屋脊交叉所产生的天沟，尽管雨水大量聚积，坡度可以做到 $1/\sqrt{2}$ 倍的缓坡。图2示意的是为防止顺势流下的雨水渗漏到屋面材料下所采取的措施（卷曲），使人感到经验丰富。

与墙面连接的上折部分也需要充分注意泛水。上折部分需要防止由于风向上吹产生的逆流，同时，通过墙外表流动的雨水必须做到切实朝屋面方向流下。

设置天窗时需要周密研究。为不使雨水进入而进行收口是理所当然的，对玻璃污染的考虑、防止由于太阳辐射造成的温度上升、结露水落下而采取的对策等，对天窗本身也需要进行充分的研究。

泛水的机理

雨水的流淌、浸入取决于重力和毛细管（表面张）力、运动能、气流、气压差等，确保防水性、水密性的原则是对表中提示的雨水浸入的原因分别处理到位。作为防水有两种方法，一是采用填充材料等堵住间隙；二是将间隙缩小到某种程度后，使浸入的机理不起作用。二选一。

关于防止水浸入的上折部分的尺寸 H，以每速度压 10N/m^2 为 1mm（风速 m/秒的平方根为 0.064mm）的基准。这个尺寸是根据物理学计算出来的，成了一个公式。

坡屋顶的收口处理的原则 - 图1

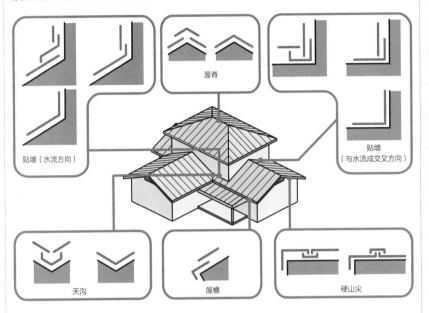

屋脊

贴墙（水流方向）

贴墙（与水流成交叉方向）

天沟

屋檐

硬山尖

天沟收口处理的例子 - 图2

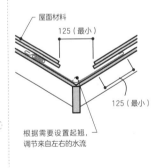

屋面材料

125（最小）

125（最小）

根据需要设置起翘，调节来自左右的水流

参考《Architectural Graphic Standrds（Student Edition）》（The American of Architects.John Wiley&Sons.Inc）等

雨水浸入的机理 - 表

雨水浸入的机理		对策	
重力	在接缝内有向下的路径雨水可以通过自重浸入	让接缝朝上倾斜，设置有高度的返流路径	
表面张力	沿着表面向接缝内部迂回浸入	设置泛水屋檐	
毛细管现象	一旦有微妙的空间，水就会被内部吸收	设置称为空气槽的空间，加大间隙	
运动能	通过风等带能量的水滴浸入到内部	设置上折部分，消耗运动能；设置挡雨屏障	
气压差	因建筑物内外产生的气压差造成了空气流动，由此带来雨水的浸入	消除内外的压力差，防止水封	

参考：《建筑技术（NO487.125 页《接缝和接口的细部》第 3 章接缝的细部外墙）》等

054 坡屋顶

屋檐和水落管

屋檐和水落管决定建筑外观

 要点
◆屋檐承担着泛水等多种功能，对外观的影响也较大
◆水落管的直径取决于当地的降雨量以及所负担的屋顶面积

屋檐的作用

屋檐的构成在设计上是重要的。屋檐做法会使建筑物显得轻巧或厚重。屋檐也有保护墙体的作用。对于出檐浅的建筑物需要注意墙体的防水性和耐久性，相反，出檐深的，需要注意檐口的下垂和风的上行。为减轻重量，也有只将铺瓦屋面的屋檐部分改用金属板覆盖的。

从墙体挑出的悬臂披屋与从屋顶伸出的屋檐不同，容易下垂。需要考虑采用挑梁等措施。

设置水落管

沿着屋面流下的雨水，通过檐口的水落管，经由雨水竖管排出（图1）。檐口水落管和屋檐的位置如图2所示，由于坡度不同而不同。檐头水落管的坡度至少需要 1/100 以上，檐口下垂明显，会影响建筑物的美观（图3）。为了避免这些，有时可采用暗水落管或内水落管，不过，对溢出时的措施也需要有预案，对后述的水落管截面的估算，不是以时间单位（mm/h）的降雨量，而是以每 10min 最大值的 6 倍作为应对措施的依据。

水落管的位置与设计、开口部的连接，以及上下层的位置有关，意外地受到很多方面的制约。

檐口水落管和雨水竖管的直径，常常是根据表中所列的数据所决定。表的数值是按照降雨量 100mm/h 来计算的，因此当地的降雨量为 d mm/h 时，表的数值为 $100/d$ 倍。另外，与屋顶相连接，建有外墙的情况下，作为简便的算法，可将该面积的约 50% 计入屋顶面积中。

水落管可以使用各种金属和合成树脂材料。以广泛使用的硬质氯乙烯为首，很多材料热膨胀率大。包括日照，受冷热的影响很大，因此对水落管的固定需要留有一定的间隙，采用能吸收温度变化的接头（参照229页）。

水落管的构成 － 图1

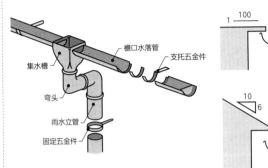

集水槽
檐口水落管
支托五金件
弯头
雨水立管
固定五金件

坡屋顶和水落管的位置 － 图2

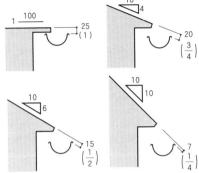

单位：mm，( ) 内为英寸

水落管和正立面 － 图3

①②水落管的坡度，可以看到檐口是下垂的

暗水落管

雨水管径（半圆形的直径）和最大容许屋面面积 － 表

（单位：m²）

直径（mm）	屋檐水落管			墙体水落管
	管道坡度			
	1/50	1/100	1/20	
50	—	—	—	67
65	30	—	—	135
75	44	—	—	197
100	96	—	—	425
125	174	123	—	770
150	282	200	—	1,250
200	609	431	304	2,700
250	1,105	781	552	

注：1 屋面面积全部为水平投影的面积
2 容许的最大屋面面积是以雨量 100mm/h 为基础计算而得。因此，对此以外的雨量，用表的数值乘以"100/ 该地区的最大雨量"进行计算

参考《给水排水、卫生设备的实务知识》(（社团法人）空气调和与卫生工学会编，Ohmsha, Ltd.) 等

055 平屋顶

屋顶的构成

排水的方法和外保温的采用

 要点
◆平屋顶也有坡度。其处理方法是一个要点
◆防止结露、提高主体结构的耐久性、室内的恒温等，外保温有多种的优势

女儿墙和坡度

与坡屋顶相比平屋顶有造价低廉、屋顶上面能使用等特点。一般由于防止屋顶上的尘土与雨水一起流下弄脏墙面等原因，会在屋顶周围砌筑矮墙（称女儿墙），将雨水收集起来通过屋顶排水管排出。为此，包括上折部分或女儿墙的整体，需要做成不透水的连续面，用防水层进行覆盖。

平屋顶为了排水在主体结构上采取 1/100 ~ 1/50 的坡度（图1）。尽管是 1/100 ~ 1/50，但有 10m 长的话也要相差 10 ~ 20cm。如果在装饰面和基底取坡度的话，会产生很多浪费。总之，需要用防水部分调整尺寸以便充分确保女儿墙的上折高度（将雨水引到屋顶排水管沟也需要 1/200 左右的坡度）。

平屋顶的层构成

防水层一般设置在 RC 结构屋顶楼板的上面。也需要根据防水层的种类而定，在此基础上，为应对日照和风雨，保护和保温，需浇筑轻量混凝土。这被称作混凝土找平层和混凝土保护层。对于上人屋顶还要用砂浆、面砖做饰面（图2）。

保护层和饰面约每 3m 设置伸缩缝。目的是让其集中收缩、防止裂纹的同时，防止因混凝土找平层的膨胀而推倒女儿墙。

从施工上考虑，在楼板下设置保温层的内保温比较容易。可是为防止顶棚内部结露，从减少主体结构和防水层的温度变化、提高耐久性、室温的恒定等目的出发，最近在屋顶楼板和防水层上设置外保温的做法较多。

近几年，从夏季的隔热和防水安全的角度出发，在混凝土找平层上也在尝试内置通气层的双层屋顶构法。

坡度和女儿墙 - 图1

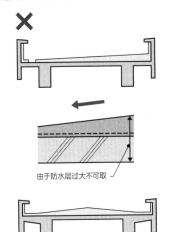

✕

由于防水层过大不可取

如果屋顶规模小也可以

✕

○

均匀

通过楼板设坡度

也可通过饰面来找坡度，在 RC 结构楼板上找坡度的情况很多

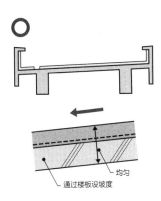

平屋顶（沥青防水）的层构成 - 图2

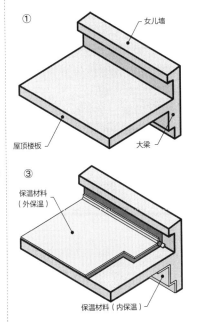

① 女儿墙

屋顶楼板

大梁

② 沥青防水层

③ 保温材料（外保温）

保温材料（内保温）

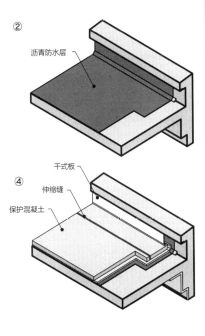

④ 干式板

伸缩缝

保护混凝土

056 平屋顶

屋面的防水

沥青防水是主流

要点
◆尽管有各种各样的防水方法，而主流是沥青防水
◆适应不规则形状基层的材料变位追随性差，不能在大面积上使用

沥青防水和防水布防水

屋顶防水有沥青防水、防水布防水、涂敷防水、砂浆防水等。表1示意了有代表性的隔膜防水的特点。

沥青防水最广泛地被使用。在平滑的RC结构楼板上面，涂上加热的沥青作为防水层。使用的氧化沥青是防水性强的材料，但强度低。为了提高耐久性，一边铺沥青油毡，一边反复涂抹氧化沥青，通过层的叠加而构成。由于沥青遇紫外线会发生劣化，表面需要进行覆盖。

防水布防水是把由合成橡胶、氯乙烯、聚乙烯等合成高分子材料构成的防水布，使用粘合剂贴在平滑的屋顶楼板上。因为它不像沥青那样容易遇紫外线劣化，很多情况下，防水材料不需要进行覆盖。以小规模的屋顶使用为前提，一般在工厂和圆屋顶建筑屋檐上使用。

此外，对于沥青防水和防水布防水，需

要考虑楼板的龟裂、对厂家屋顶的变形追随性，大多情况下采用防水层和基底非完全紧贴的绝缘工法（表2、图1）。

涂敷防水等

涂敷（也叫涂膜）防水就是在需要合成树脂防水材料的地方直接涂敷，通常使用在阳台等小规模的地方和复杂的屋顶部分等。由于贴紧基底，容易受到龟裂等基底的影响。

砂浆防水是使用掺入防水剂的砂浆进行饰面粉刷，使用在钢筋混凝土的披屋等处。

此外，特殊的材料，有在木结构住宅的阳台等使用FRP防水的。铺设玻璃纤维的防水布，再涂敷聚酯树脂进行固化，与FRP浴缸和手划小船制作方法相同。只要施工无误差，技术很成熟，但经年累月的老化是不可避免的。

隔膜防水*的特点 - 表1

		施工方法	特点
隔膜防水	沥青防水	有用融化的沥青做成沥青油毡层层叠加的热施工方法，还有涂粘层为改性沥青油毡进行层层叠加的冷施工方法	构成无缝隔膜层，防水层厚，性能稳定，作业工序多，耗时
	防水布防水	在氯乙烯防水布上涂胶粘剂，或用五金件和螺栓固定，此外还有在橡胶防水布上涂胶粘剂进行固定的做法	因是单层防水，变形性大；因是合成树脂，只能承受轻轻的步行
	涂刷防水（涂膜防水）	以聚异氰酸酯为主要成分的主剂和硬化剂在现场进行搅和、涂抹的方法，此外还有铺设玻璃纤维底垫后，涂不饱和聚酯，经过反应硬化形成皮膜的方法	能适应基层的形状，需要精心的施工
不锈钢防水布防水		约0.4mm厚的防水布按照立式折缝的制作要领，结合部通过焊接形成整体	不能适应形状复杂的屋顶

* 隔膜防水（membrane），用薄膜的防水层覆盖整个面的防水施工方法

绝缘施工方法的特点 - 表2

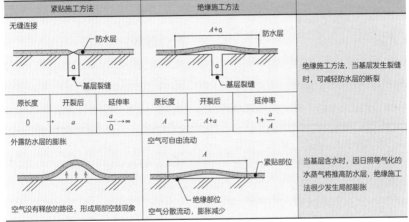

紧贴施工方法	绝缘施工方法	
无缝连接	A+a 防水层	绝缘施工方法，当基层发生裂缝时，可减轻防水层的断裂
原长度 开裂后 延伸率	原长度 开裂后 延伸率	
$0 \rightarrow a \quad \frac{a}{0} \rightarrow \infty$	$A \rightarrow A+a \quad 1+\frac{a}{A}$	
外露防水层的膨胀 空气没有释放的路径，形成局部空鼓现象	空气可自由流动 空气分散流动，膨胀减少	当基层含水时，因日照等气化的水蒸气将推高防水层，绝缘施工法很少发生局部膨胀

参考：《建筑材料用教材》（（社团法人）日本建筑学会、丸善）等

绝缘施工方法 - 图1

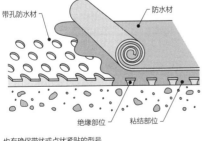

也有确保带状或点状紧贴的型号

平屋顶的脱气配件 - 图2

127

057 平屋顶

屋顶的立墙

女儿墙为标准

 要点
◆在平屋顶上有各种立墙，而收头处理以女儿墙为基础
◆女儿墙压顶木向内侧倾斜，混凝土浇筑缝面向外侧倾斜

女儿墙

屋顶与外墙的连接一般是外墙压屋顶收头。四周的女儿墙，用沥青防水层上折进行收头处理。由于防水层的弯曲部分很难贴紧基底，一旦空气进入，防水层断裂等，往往成为漏水的原因。用砖或板压住上折的防水层，上部用压顶木盖住（图1）。为防止压顶木上端积存的灰尘通过雨水冲刷污染外墙面，女儿墙应向内侧倾斜，在下部设置滴水槽。

由于混凝土浇筑缝面容易成为漏水原因，应避免在防水层附近设施工缝面，施工缝面应设置向外倾斜的坡度（图2）。

如果积雪深度超过防水立墙就有漏水的可能性。气象数据不仅对降雨量，也成为构法规划上的重要资料。

另外，应在女儿墙设置固定清扫用脚手架的圆环（吊环）等。

开口部等的立墙

屋顶面和阁楼墙的连接部位、设置屋顶机器用的基础、屋顶管道贯通用的防雨箱、伸缩接缝等，也采取与女儿墙类似的收头方法进行处理。

屋顶或阳台出入口的防水，原则上也是按照女儿墙的标准执行，但阳台难以设置过大的高差。在内外部的楼板上尽可能设置高差，根据需要设置滴水板等以应对高差（图3）。

图4是在与女儿墙相同的立墙部位，设置圆顶天窗的图例（照片）。天窗与周围的屋顶（地面）相比，保温性能明显不佳，如结露的话，需要设置排水孔。另外，夹丝玻璃是应对天窗破损时的考虑。

女儿墙 - 图1

①混凝土压顶木 + 立墙砖（步行用）

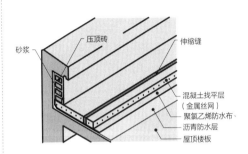

- 砂浆
- 压顶砖
- 伸缩缝
- 混凝土找平层（金属丝网）
- 聚氯乙烯防水布
- 沥青防水层
- 屋顶楼板

②金属压顶木 + 立墙部板材（步行用）

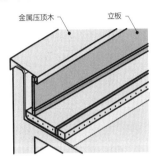

- 金属压顶木
- 立板

压顶木和混凝土施工缝面 - 图2

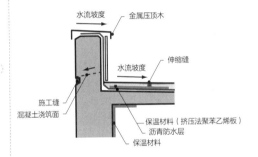

- 水流坡度
- 金属压顶木
- 水流坡度
- 伸缩缝
- 施工缝
- 混凝土浇筑面
- 保温材料（挤压法聚苯乙烯板）
- 沥青防水层
- 保温材料

阳台出入口 - 图3

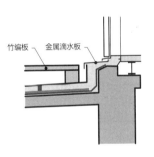

- 竹编板
- 金属滴水板

圆顶天窗 - 图4

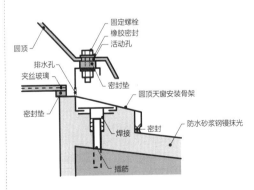

- 圆顶
- 固定螺栓
- 橡胶密封
- 活动孔
- 排水孔
- 夹丝玻璃
- 密封垫
- 密封垫
- 密封垫
- 圆顶天窗安装骨架
- 焊接
- 密封
- 防水砂浆钢镘抹光
- 插筋

圆顶天窗的设置 - 照片

058 平屋顶

屋顶的扶手和排水管

相关设备设置要点

要点

◆平屋顶的设置物不得损坏防水层
◆横向排水管样式是可以的，但与梁的连接处有容易堵塞的问题

扶手的设置附有条件

　　屋顶上可以设置扶手和各种设备机器等。但都是以不损坏防水层为原则进行安装和固定的，不得直接在楼板上锚固，如图1①所示，应设置独立的专用混凝土台座进行安装，不是利用女儿墙的上面，而是侧面（图1②）等方法。

　　此外，不仅限于屋顶扶手，扶手本身也需要考虑安全性等条件。规定一般高度为110cm以上，注意脚踏板，推荐的扶手立柱的间距内侧尺寸为11cm以内，能承受150～300kgf/m左右的荷载等。

　　此外，作为与平屋顶的连接物，有烟囱和连接上部楼层的舷梯等。前者可利用女儿墙（具体是配管贯通用的立墙）的圆环安装细部，后者可以应用女儿墙安装圆环的细部（图2）进行对应。

排水管的设置

　　平屋顶的排水口、屋顶排水管有立式和卧式两种。即使会积存一些垃圾也不影响排水的意义上，立式排水管更合适（图3）。除了屋顶坡度以外，将雨水引至排水管的沟也需要设1/200左右的坡度，在容易检查、保养的地方，为确保实际的坡度应注意与梁的位置关系。特别是卧式排水管，与梁的连接处往往会发生不得不降低梁高的情况。

　　平屋顶的雨水管尺寸出于与坡屋顶的相同原理确定。但由于平屋顶的雨水管常常设置在室内，坡度多少设定得大一些（表）。

　　另外，即使屋顶面积小，也要考虑到树叶和垃圾等造成的堵塞，设置多个排水管比较理想，如果难以做到，可在女儿墙上设置溢水管予以对应，以防万一。

扶手的收头处理 - 图1

①设置专用的台座

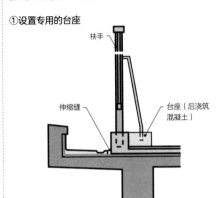

- 扶手
- 伸缩缝
- 台座（后浇筑混凝土）

②设置在女儿墙的侧面

- 扶手
- 托架
- 锚固板
- 固定钢筋
- 周围密封 ≥ 1,100
- 防水层表面 ▼（水上）

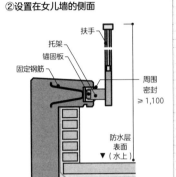

圆环的收头处理 - 图2

- 销筋直径 16mm
- 预埋五金件——扁钢
- 弹性密封材料
- 不锈钢圆环直径 19mm、内径 100mm
- 固定销筋直径 16mm

立式排水管的收头处理 - 图3

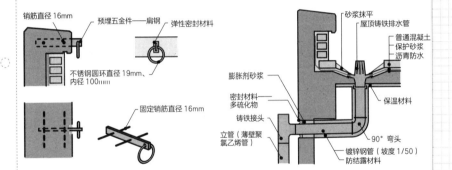

- 砂浆抹平
- 屋顶铸铁排水管
- 普通混凝土
- 保护砂浆
- 沥青防水
- 膨胀剂砂浆
- 密封材料 多硫化物
- 铸铁接头
- 立管（薄壁聚氯乙烯管）
- 保温材料
- 90° 弯头
- 镀锌钢管（坡度 1/50）
- 防结露材料

管径和最大屋顶面积 - 表

雨水立管的最大容许屋面面积（m^2）	管径（mm）	雨水横管的最大容许屋面面积（m^2）						
		管道坡度						
		1/25	1/50	1/75	1/100	1/125	1/150	1/200
135	65	137	97	79	—	—	—	—
197	75	201	141	116	100	—	—	—
425	100	—	306	250	216	198	176	—
770	125	—	554	454	392	351	320	278
1250	150	—	904	738	637	572	572	450
2700	200	—	—	1,590	1,380	1,230	1,120	972

注：1 屋面面积全部为水平投影面积。
　　2 最大容许屋面面积以雨量100mm/h 为基础计算得出。因此，除此之外的雨量，用表内的数值乘以100/该地区最大雨量计算得出。

参考：《给水排水、卫生设备的安装知识》(空气调和、卫生工学会编，Ohmsha, Ltd.)等

059 地面

地板的构成

与人们的生活密切相关的地面

要点
◆地板主体与建筑主体并不一定是相同结构，其构成因面材的刚性而不同
◆地板的设计需要具备人体工学的视角

饰面与滑动阻力

地板与人的行为有密切的关系，根据是立姿还是坐姿，是穿鞋入室还是脱鞋入室，地面装修要求条件有很大的相同。仅一个防滑，穿鞋和不穿鞋截然不同。图1所示是大楼的滑动阻力值的测量结果，要防滑就需要使用防滑材料，并在设计上设法不让滑动阻力值有很大差异的材料衔接。除此以外，还可以考虑在表面添加凹凸、设置接缝、注意漏水、安装扶手等各种应对措施。对在室内赤脚生活的许多日本人来说，如图2所示的脚下的温度下降（与热导率有关系）也成为探讨的对象。

主体结构与层构成

不仅限于地板，如饰面材料的刚性高，可以拓宽支撑小梁等局部结构的间距，如刚性低则需要缩小间距。除自重

以外，装饰和基底、支撑人和家具等活载的地板，从确保建筑物水平刚度这一点，与作为垂直刚度要素的抗震墙相似。关于地板不像抗震墙那样，很少有损坏柔性的情况，水平刚度要素被积极地利用了。

地板的构成方式大体分为三种类型：
①在RC结构等的楼板上直接进行装饰工程
②在同类型楼板上使用格栅作为基层，进行的装饰工程
③在地板龙骨托梁和地板梁上使用格栅作为基底，进行的装饰工程

利用砂浆等进行施工的材料和类似地毯那样容易与基层结合的材料可以采用①，但地板等板材可采用②或者③。可是在RC楼板面上可直接采用胶粘剂粘贴的专用地板可采用①。②、③情况下的基层构成，相当于木结构的地板（图3）。

大楼地面的滑动阻尼值的实测值－图1

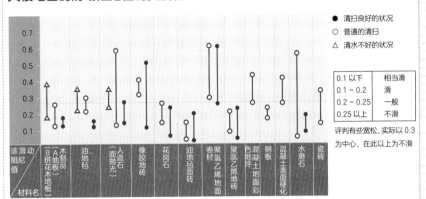

- ● 清扫良好的状况
- ○ 普通的清扫
- △ 清水不好的状况

0.1 以下	相当滑
0.1～0.2	滑
0.2～0.25	一般
0.25 以上	不滑

评判有些宽松，实际以 0.3 为中心，在此以上为不滑

出处：《构法计划》（宍道恒信等，朝仓书店）

地面的冷暖感和舒适性－图2

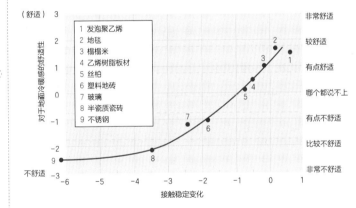

1 发泡聚乙烯
2 地毯
3 榻榻米
4 乙烯树脂板材
5 丝柏
6 塑料地砖
7 玻璃
8 半瓷质瓷砖
9 不锈钢

出处：《建筑装饰材料的性能试验方法》（（社团法人）日本建筑学会关东支部）

地板的基层和饰面－图3

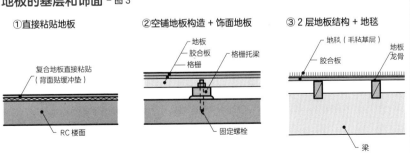

①直接粘贴地板　②空铺地板构造＋饰面地板　③2层地板结构＋地毯

060 地面

湿式和干式饰面

饰面的种类和方法

 要点
◆平滑的石材和面砖一旦濡湿就容易打滑，不使用大块板材
◆湿式作业相比饰面与基底间，更须注意基底和楼板之间的剥离

湿式饰面作业

作为在 RC 结构等楼板上直接进行的粉刷工程，除了砂浆抹平以外，有合成树脂刷漆地板、卵石饰面、现场水磨石饰面（图1①）等。这些工程需在施工中设置用黄铜制成的接缝条，兼顾施工中的分隔和防止竣工后的开裂的作用。整体是在混凝土浇筑时直接用镘抹平饰面（图1②）。

用砂浆等直接在楼板上进行饰面的有大理石、铁平石等石料、瓷质、炻器质的地砖、烧砖等。这些饰面工程由于水的介入，被称为湿式工法，是有别于干式工法的。

石材和地砖的地面饰面，除在室外使用，一般用于可用清水清洗的地方（图2①）。根据表面的情况进行处理，平滑材料濡湿后容易打滑，造成隐患。需要考虑添加凹凸，设置接缝，不采用大块材料等。

此外，与石料等同样施工的材料有方块木地板料。即将木地板材加工的地板组合成 30cm 见方、背面安装固定用的五金件。以前在学校等建筑中，多采用在混凝土楼板上铺地板的方式（图2②）。

干式饰面作业

在 RC 结构等的楼板上粘贴合成树脂的卷材和地砖时，直接粘贴于抹光的混凝土表面或找平砂浆的表面，或使用胶粘剂粘贴于设置在空铺格栅地板结构的杉木板或基底胶合板上。无论哪种方法，重要的是都需要平滑的基底面。尽管空铺格栅地板结构的冲击声隔声性较差，但弹性好，脚感好。

在地毯和榻榻米这类细部工程中，也适宜在相同的基底上，通过毛毡等进行饰面装饰（图3），与前述的卷材相同，大都可直接粘贴在混凝土和砂浆的表面。

地板的基层和饰面 - 图1

① 现场水磨石

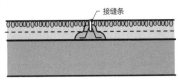

接缝条

自然石材的碎石粒，加入染料，在现场研磨。由于费工费时，近年已不采用

② 整体式

浇筑混凝土时，直接用泥镘抹平进行饰面

采用湿式施工法的地面装饰 - 图2

① 粘贴石材

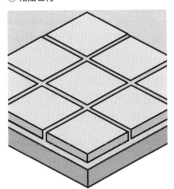

② 方块木地板

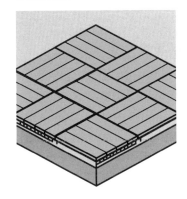

采用干式施工法的地面装饰（空铺格栅地板结构）- 图3

① 空铺格栅地板结构 + 地毯

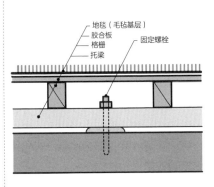

地毯（毛毡基层）
胶合板
格栅
托梁
固定螺栓

② 空铺格栅地板结构 + 榻榻米

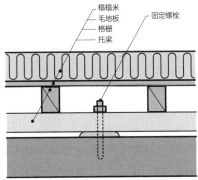

榻榻米
毛地板
格栅
托梁
固定螺栓

061 地面

木质饰面的地板

地板的种类和地板基底

 要点
◆所谓木地板，一般是指复合木地板
◆地板冲击声隔声性和划分专属能大大改变公寓住宅的地板构法

木地板的种类

木质地板就是在格栅上铺装木地板作为饰面。木结构建筑的地板自不必说的，连混凝土楼板一般也不采用直接铺装。

统称为木地板的产品有以下的种类（图1）。厚度约为1.5cm。

①木地板型材

主要有橡木、山毛榉、樱花等阔叶树，宽6~9cm，长60~100cm，板边和板端头为契口加工，长度方向能自由配置。

②窄条薄板

主要有丝柏、松等的针叶树，宽10~12cm，长300~400cm，板边是契口加工。

③复合木地板

在胶合板的表面粘贴薄的天然木片（装饰面膜），尺寸是30cm×180cm、15cm×180cm左右。饰面设计类似实木地

板，一般所说的木地板，是指复合木地板。

尽管都可以在格栅上直接铺装，但在要求较高的工程中，与格栅之间会铺装毛地板，做成双层地板。为了弥补造公差和施工误差，以及竣工后由于温度和水、潮气难以避免的变形，收头处需留有适当的余量。

地板下地构法

如在混凝土楼板上铺装木地板，一般采用如图2所示的地板基底。但该方法，由于公寓住宅是跨户的地板基底（不同住户间的地板），地板冲击隔声性对下层住户会成为问题，近几年，铺装类似地毯毛毡的垫层材料，地板直接铺在上面的方法已经成了标准（图3）。

以提高地板冲击隔声性能为契机，开发了各种构法。图4所示的干式架空式地板是其中之一，采用介入缓冲材料的支撑脚代替托梁和格栅，对地板进行点状支撑。

地板材料 - 图1

①木地板型材

②复合木地板

  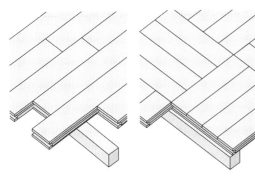

契口

空铺格栅地板结构木地板饰面 - 图2

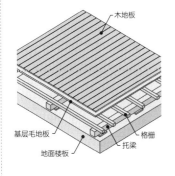

木地板

基层毛地板

地面楼板

托梁

格栅

直接粘贴木地板饰面 - 图3

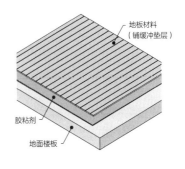

地板材料
（铺缓冲垫层）

胶粘剂

地面楼板

地面架空铺装木地板饰面 - 图4

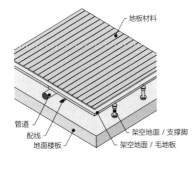

地板材料

管道

配线

地面楼板

架空地面 / 支撑脚

架空地面 / 毛地板

由于支撑脚可以调整高度，可应对楼板的不平，该空间也可用于管道和配线。在公寓住宅的洗脸间等需要在楼板以上配管，成为标准构法

062 地面

配管、配线及设备

配管和电线的位置

 要点
◆防火分区和区分所有的概念促进了楼板上部的配管和配线
◆日式便器（蹲式便器）向西式便器（坐式便器）的转变为建筑工程带来了很大的好处

配线的方式

楼面除电气配管、配线以外，还有各种设备的配管类也互相交叉。总的来说，由于设备类的使用年限比建筑主体短，对保养和设备更换的考量是决定地板构法的重要因素。近几年，设备的配管、配线和机器等纳入建筑主体的内嵌（built in）方式在新视点下有所增加。

地板的配线方式大致分为两种类型，有将楼层通风管、格孔槽等设置在楼板内部的类型，和设置在楼板上部可自由连接的类型（所谓架空地板）。

自由连接类型的楼板由于与结构体相分离，需要保持刚度。楼板中央的塌陷成为 1.5 ~ 2mm 的 4 倍荷载作为加载容许值等，根据零部件的不同，另有规定（图 1）。

也有以确保处理大量的配线渠道为目的，不在地板底下，而在顶棚设置电缆架、采取与顶棚配线方式并用的方式（图 2）。

卫生洁具的配置

近几年，在公共设施中，厕所也越来越多地采用西式坐便器。而日式便器由于要将配管埋入地板内，会有以下的弊端：

①浇筑混凝土等的楼板施工时，需要作养护

②设置便器的孔，会成为防火分区上的难题

③配水管横向设置的话，楼下住户需要大的顶棚高度

④考虑清扫等方便，地面常常需要进行防水工程

⑤要做成防水地面，须将厕所的地面降低 10cm 左右

小便器常常被配置在梁的正上方附近。为处理供水管等，需要建高度 1.2m 的墙来处理，但排水管到管道井（PS）之间不可避免会与梁交错（图 3）。因此，有了从配管到管道井（PS）的楼面上横向处理的产品（图 4）。

楼板的配线收纳方式 – 图1

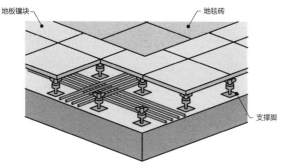

地板镶块

地毯砖

支撑脚

图是自由连接楼板的例子，地板以下的配线、设备的检查、变更可以自由进行

顶棚配线方式 – 图2

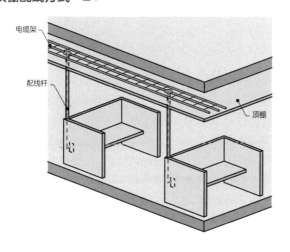

电缆架

配线杆

顶棚

顶棚内作为配线管道，介于地板镶块和配线杆使用。空间使用受到一定的限制

配管的连接 – 图3

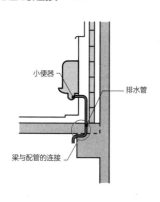

小便器

排水管

梁与配管的连接

楼板上部配管的图例 – 图4

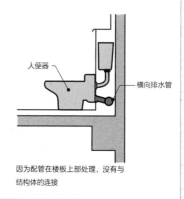

人便器

横向排水管

因为配管在楼板上部处理，没有与结构体的连接

063 地面

高差

消除高差的手段

 ◆因日本独特的居住习惯直接或间接地产生了高差
◆传统梁柱结构构法与2×4构法的不同，地板高度的调整是容易的

高差的原因

产生高差的原因是多种多样的，在日本，有在住宅入口脱鞋，在浴室的冲洗处用热水冲洗身体的独特的居住习惯，以及考虑到完全阻断垃圾和雨水的安全装置，在住宅内消除高差是相当困难的。为阻断垃圾和雨水，高差在外围的院门设置是必要的（128页图3）。

由于饰面材料的厚度不同也会产生高差。日本的传统地板饰面材料是榻榻米，以榻榻米更换的短周期的保养为前提，湿度变化大，几乎接近赤脚、以席地而坐为中心的生活方式等，符合日本气候风土的特点。可是其厚度为几公分，与其他饰面有很大的不同。

消除高差

近几年，高差的消除成为一大主题，但作为健全人容易绊倒的高差和轮椅等难跨越的高差，其意义也有所不同（图1）。需要在弄清楚本质性问题的基础上进行应对。老年人居住法等依据不同的场合，被容许的高差的程度也不同（表）。

榻榻米与铺地板等，不同饰面材料的连接部分，由于改变了基底的构成（格栅的安装高度）高差就消除了。与将平面刚性地板作为地板原则的框架墙构法（2×4施工方法）不同，传统梁柱结构的地板高度的调整相对容易（图2）。在浴室使用的网格透水板等方法，通过在其位置的正下方安装排水设施等来解决（照片）。

在住宅用的门窗中，已经开发了下侧有轨道无凸起的产品，并得到了应用（图3）。与高差相比不如说是消除了凹凸，同样可以具有防止跌倒的作用。

高差的消除不仅可以通过构法，用照明照亮有高差的地方、改变高差部分的饰面颜色、消除容易绊倒程度的高差、对高差较大的地方安装扶手等方法也是重要的。

140

地面的高差 – 图1

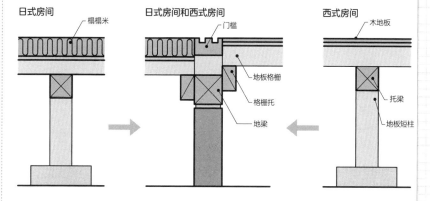

健全者约 2～8cm，轮椅要跨越高差（符合纵横线的交点）需要适当的摩擦坡度

健全者容易跌倒的高度
手推轮椅（后退）
电动轮椅（JIS）
手推轮椅（前进）
健全者不易跌倒的高度
60°

高差的规定（推荐水平）–表

产生高差的场所	容许的大小尺寸
玄关出入口	玄关外侧和门槛：20mm 以下 玄关外侧和门槛：5mm 以下
玄关横档	110mm 以下（有踏步的情况下，横档和踏步、踏步和室内素土地面：110mm）
浴室的出入口	180mm 以下（有踏步的情况下，横档和踏步、踏步和阳台：110mm）
居室地面和符合以下条件的地面：不妨碍护理用轮椅的行动，面积 3m² 以上，不满 9m²（居室面积 1/2）长边 1500mm 以上	300mm 以上 450mm 以下

上述及通往厨房入口以外的日常生活空间内的地面高差在 5mm 以下

出处：老年人居住法的国土交通省告示 1301 号文件

地面高度的调整 – 图2

日式房间
榻榻米

日式房间和西式房间
门槛
地板格栅
格栅托
地梁

西式房间
木地板
托梁
地板短柱

无高差的浴室入口 – 照片

门的下框有排水设施（圣路加 Tower 东京都）

露台出入口 – 图3

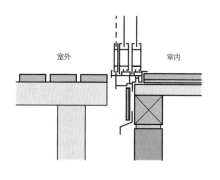

室外　室内

141

064 地面

各种连接

安装踢脚线的两个构法

 要点
◆高差和阻隔性与空间质量有关
◆踢脚线有先安装和后安装两种。前者是标尺，后者是误差的补救

高差也是设计元素

有故意设置高差的情况。譬如，为了阻隔垃圾和水的高差，把阻隔作为更可靠的实体。

还有，由榻榻米和木地板的饰面差异构成的高低差别，在某种情况下有这种作用，可以用空间质量的不同直接示意身份的不同。

除此以外，通过高低差别的设置，使空间发生变化的跳层等，也有设置、利用高低差别的规划手法。高差是具体表现空间差异的手段，同时也是设计元素。

踢脚线的先安装和后安装

地板和墙的连接部分，一般会安装踢脚线。踢脚线有保护墙体下部的功能，但也有确保施工上的余量、处理墙和地板连接收头的目的。作为构法有在墙体施工前安装的先行构法，也有施工后安装的收尾构法（图1）。

前者为粉刷墙面起到标尺作用，后者可吸收各种误差和施工上的余量。

所有的踢脚线都是采用其截面相同的木材和塑料等。如采用先行安装的踢脚线，当墙是石膏板饰面时，踢脚线要低于石膏板饰面。这种踢脚线被称为下陷踢脚线，其他的踢脚线称为外凸踢脚线。需要注意，如外凸踢脚线的厚度太厚的话，与开口部边框的连接处横截面会暴露在外，偏离最佳的收头处理（图2）。

另外，后安装的塑料踢脚线中，其内部可以作为配线管使用，能设置插座等类型的产品（图3）。

明柱墙和地板的连接不使用踢脚线。铺设榻榻米的情况下，榻榻米边框（图4）与榻榻米处于相同的高度；铺木地板的情况下，地板边框（图5）的安装略高于地板面。榻榻米边框、地板边框都是先行安装。

各种踢脚线 –图1

①先安装踢脚线 A

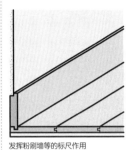

发挥粉刷墙等的标尺作用

②先安装踢脚线 B
（下陷式踢脚线）

墙体下端暴露在外，没有调整余量

③后安装踢脚线

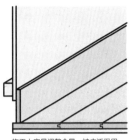

施工上容易调整余量，被广泛采用

踢脚线和开口部边框的
安装状况 –图2

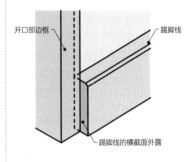

开口部边框

踢脚线

踢脚线的横截面外露

兼用配线管的踢脚线 –图3

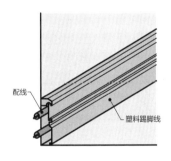

配线

塑料踢脚线

榻榻米边框 –图4

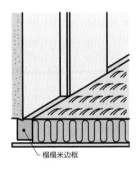

榻榻米边框

地板边框 –图5

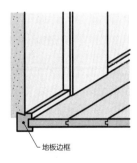

地板边框

065 地面

最底层的地板（接地地板）

对地板下防潮和耐久性的考量

要点
◆ 在地基上部放置小石片的架空地梁的做法，现在，由塑料小片取代
◆ 在回填土上部设置的接地地板，其下部采用与防冰冻融化相同措施是理想的

地板下方的通风和架空地梁

最底层的地板有两种形式，一种是在结构上采用与上层楼面相同构法支撑的形式；另一种是用地基直接承重的形式（接地地板）。两种形式都需要对泥土中水的汽化和潮气采取防潮对策，如考虑铺设防潮布等措施。

当最底层地板和地基之间存在空隙时，地板下方需要进行通风。木结构模仿以前的架空地梁，在房基下垫衬塑料小片的方法，近几年正在普及（图1）。

当最底层的地板和房基之间不存在空隙时，应在整个地板下方在进行碎石基础工程后，铺设防潮布，在此基础上浇筑地面混凝土。

埋设在地下的净化槽等，有可能在大雨之后浮出地面。浮力之大超乎想象（要抵御浮力，需要经常预先存水）。游泳池等通常在地面以上建造比较妥当。

在地下水位高的填埋地上，也有将浮力和建筑物重量的平衡作为考虑基础的。

各种接地地板

在玄关地板、门斗和露台，或护坡道等位于建筑物内外的接地地板，也关系到建筑物的耐久性等。譬如，为了雨水的排放，需要设置1/50以上的坡道，车库也应该取相同的坡度，另外，道路的排水坡度原则为1/200以上。

这些一般大多位于回填土的上方，竣工后，由于回填土部分的密实度与建筑物主体之间有可能会产生龟裂，要防止此种情况，需要采取如图2提示的措施。

相同的理由，除了作为结构体基础之外，有时需要各个部位有独自的基础。图3是由于间墙承受来自上层的荷载，位于墙体正下方的房基因压实沉降出现问题的实例。

地板下的换气 - 图1

①地板下的通风口

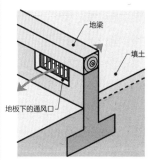

地梁
填土
地板下的通风口

②架空地梁施工法

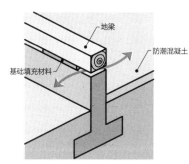

地梁
防潮混凝土
基础填充材料

回填土素土地面的施工方法 - 图2

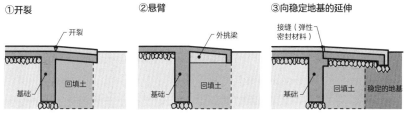

①开裂
开裂
基础
回填土

②悬臂
外挑梁
基础
回填土

③向稳定地基的延伸
接缝（弹性密封材料）
基础
回填土
稳定的地基

参考:《这些是必须知道的 建筑工程的失败案例和对策》(熊井安义,鹿岛出版会等)
在寒冷地区施工时,与基础相同,需要考虑冰冻深度。由于深度是有限的,可以采用铺设保温材料,防止地下温度的下降,或设置砾石层促进排水等进行应对(参照 57 页图 4)

压实下沉的开裂 - 图3

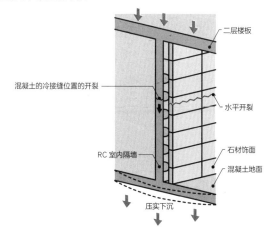

二层楼板
混凝土的冷接缝位置的开裂
水平开裂
RC 室内隔墙
石材饰面
混凝土地面
压实下沉

为防止由于地基压实下沉,造成 RC 室内隔墙以及石材饰面的开裂,在室内隔墙的正下方设置基础

066 楼梯

形状和功能

首要的是避难的安全性

 要点

◆尽管避难安全性是首位的，但装饰性也是重点
◆楼梯的坡度是由踏步面尺寸和踏步高度尺寸决定的

选择符合目的的形状

可以认为楼梯具有连接不同高度地板的功能。在楼梯中，有直跑楼梯、转角楼梯、双跑平行楼梯、半圆形楼梯、螺旋楼梯等各种形状，根据用途进行选择（图1）。在转角楼梯上下同一位置设置休息平台，广泛运用在住宅和办公楼等楼层叠加形式的建筑物中。

专为确保上下楼层的动线以及避难为目的的楼梯，根据其结构类别，虽然确立了几个典型的构法，但作为楼梯间多作为扮演若干个楼层挑空空间角色来使用。当然，即使在那样的场合也符合后述的规范，另外，在紧急情况时，可以全部变成为避难楼梯，不言而喻安全性是首位的。

是否为非特定多数人所使用？从建筑物用途角度设想的使用人群等成为研究的对象。此外，按照地板的标准，需要考虑穿鞋还是裸足等人体工学的视角也很重要。

各部位的名称

对楼梯的各部位，其名称如图2所示。把踏步板表面称为踏步面，但踏步面尺寸如图2所示，是指由踏板面扣除端头高度（在平面图上表示进深）的尺寸。

再者，在设计楼梯时，常常会忘记把楼梯最上层的休息平台的踏步数计算在内。如把楼梯的踏步数作为 n 的话，层高就是踢面高度 $\times n$，楼梯踏步板的总长、外观尺寸，就是踏步面尺寸 $\times (n-1)$。

把包括楼梯的空间称为楼梯间。楼梯应该成为火灾时的疏散通道，因为是挑空空间，如没有特别的措施，当火灾发生时，就会成为火焰和烟蔓延至上个楼层的延烧通道。因此，根据建筑物的规模、用途、规定采用防火门和防火墙将楼梯间与其他区域进行分隔。尽管基本的要求，但往往容易出错。

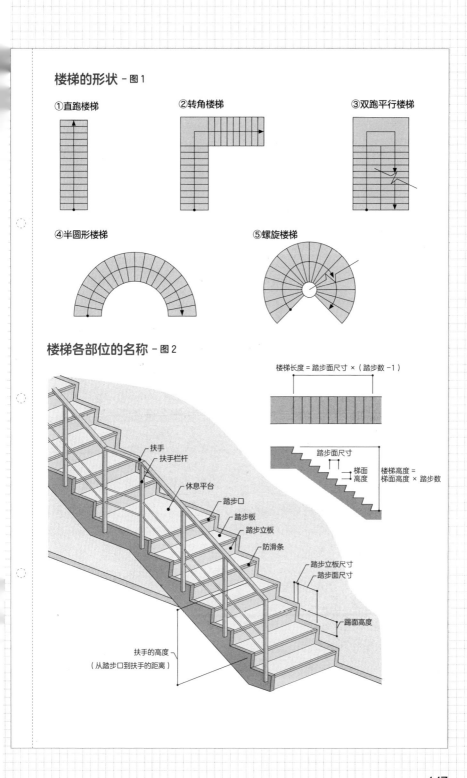

楼梯的形状 – 图1

①直跑楼梯

②转角楼梯

③双跑平行楼梯

④半圆形楼梯

⑤螺旋楼梯

楼梯各部位的名称 – 图2

楼梯长度 = 踏步面尺寸 × (踏步数 −1)

楼梯高度 = 梯面高度 × 踏步数

踏步面尺寸

梯面高度

扶手

扶手栏杆

休息平台

踏步口

踏步板

踏步立板

防滑条

踏步立板尺寸

踏步面尺寸

踢面高度

扶手的高度
(从踏步口到扶手的距离)

067 楼梯

踏步面和踢面高度

设定使用者的规范

 要点
◆过去以1间（约182cm）为标准的爬升楼梯的存在影响着规范
◆要把楼梯变成坡道，需要数倍至10倍左右的长度

规范和实际

楼梯和休息平台的宽度、踢面高度、踏步面尺寸在建筑规范中规定了最低限度的要求（表1）。独立住宅在表1之5，公寓住宅适用3和4。楼梯的坡度由踏面尺寸与踢面尺寸决定。尽管在法律上可以认可独立住宅的1间（约182cm）设置可攀登的层高1.5间（约273cm）左右陡坡的楼梯，但一般情况下大多为45°左右的坡度。另外，转弯部的踏步面尺寸是离中央端部30cm的位置。螺旋楼梯除独栋住宅以外很少采用是因为无法做到紧凑空间（图1）。

考虑人升降动作的话，踢面高度如果取大的尺寸（R, Rise），踏步面尺寸（T, Tread）就应该缩小，踢面高度和踏步面尺寸要综合起来考虑。关于二者的数值关系有各种可能性，但近几年，在日本逐渐集约为 $2R+T=55 \sim 65cm$。

譬如，在住宅性能的表示制度中，关怀老年人等对策等级的最高等级的5，对于踢面高度、踏步面，要求达到如表2所示的条件。此外，踏步面为24cm，踢面高度为18cm成为被要求的标准。

室外工程设置的楼梯尺寸是自由的，但一般比室内楼梯所取的尺寸要更加宽裕。

关怀身体残疾者的坡道

坡道也可以认为是楼梯的同伴，相对楼梯的坡度大体在30°以上，而坡道要考虑残疾人的轮椅使用等，应设定在5°（1/12）以下，一般的轿车等也充其量在10（1/6）以下，情况完全不同。

图2是考虑残疾人轮椅尺度设计的例子。

图3是表示停车场坡道的坡度的例子。坡度1/6以下，为从上升开始至结束，不损伤车身下部，采用缓坡。

楼梯的坡度 - 表1

	楼梯的种类	楼梯、休息平台的宽度（cm）	踏步高度尺寸（cm）	踏面尺寸（cm）
1	小学生使用	140 以上	16 以下	26 以上
2	中学、高中学生使用，超过1500m²的店铺使用，剧场、电影院、集会场所等的客人使用	140 以上	18 以下	26 以上
3	居室的地面面积合计超过 200m² 的地上层，居室的地面面积合计超过100m² 的地下室	120 以上	20 以下	24 以下
4	上述以外的设施	75 以上	22 以下	21 以下
5	住宅的楼梯（公寓住宅的共用楼梯除外）	依据3、4	23 以下	15 以下

注：将法规简化后表示。设置在室外的楼梯宽度，紧急疏散的直跑楼梯为 90cm 以上，其他为 60cm 即可。

螺旋楼梯的踏面尺寸 - 图1

踏面尺寸

30

考虑到老年人的楼梯 - 表2

坡度（踏步高度／踏步面尺寸≤ 6/7cm）

55cm ≤ 踏步高度 ×2+ 踏步面尺寸 ≤ 65cm

70cm ≤扶手高度 ≤ 90cm

螺旋楼梯（转弯部分 4 等分的楼梯）的设计 - 表3

	一般建筑物	独栋住宅
角度 θ	22.5°（=1/8π）	22.5°（=1/8π）
法规最低限度的路面 A_o、A_h（cm）	24（=1/8πRo）	15（=1/8πRh）
距路面测定点中心的距离 R_o、R_h（cm）	61.11···（=30+Xo）	38.14···（=30+Xh）
楼梯中心部尽端空间长度 X_o、X_h（cm）	31.11···	8.14···
法规最低限的有效楼梯宽度（cm）	120	75
必要的楼梯宽度（cm）	（120+Xo≒）152	（75+Xh≒）84

必要楼梯宽度
有效楼梯宽度
R
x 3

包括螺旋楼梯，将 90° 分 4 段攀登楼梯的必要楼梯宽度的设计例子。3 个梯段的话必要的楼梯宽度会缩小，相反楼梯长度会增加

照顾到残障人士的楼梯 - 图2

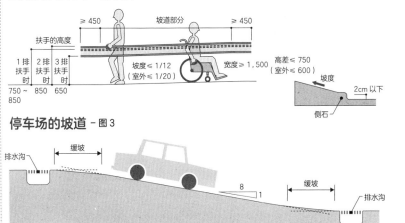

≥ 450　　坡道部分　　≥ 450

扶手的高度

| 1排扶手时 | 2排扶手时 | 3排扶手时 |

750~850　850　650

坡度 ≤ 1/12（室外 ≤ 1/20）

宽度 ≥ 1,500

高差 ≤ 750（室外 ≤ 600）

2cm 以下

坡度

侧石

停车场的坡道 - 图3

排水沟　　缓坡

8 / 1

缓坡　　排水沟

注：法规中的极限为 17%（≒ 1/6）

068 楼梯

楼梯的结构

楼梯的种类和概要

 ◆楼梯原本是木工专业的主要科目之一，但现在几乎都是预制楼梯了

◆避难楼梯中钢结构的成品独占鳌头

木质楼梯

支撑梯段的方法有图1所示的类型。

过去，日本很少在2层以上的楼层设置重要的房间，因此楼梯大多比较简单。在陡坡上架梁（楼梯侧梁），在其间安装踏步板（图1①）是典型的做法。

即使现在，在上下层架设2块被称为楼梯侧梁的板，在其间镶入踏步板和踢面板的形式，大量使用建材厂家的成品楼梯，这些楼梯采用了集成材和各种工程木制品（图2）。

钢筋混凝土楼梯

钢筋混凝土楼梯可以将踏步和楼梯结构体形成一体，可以将楼梯作为建筑物结构的一部分进行施工。实际上有各种形式的楼梯，但一般采用的是图1①、②中的形式。图1③是以悬臂形式从墙内挑出，在应用上只将踏步板作

为悬臂的是图1④。

由于钢筋混凝土楼梯会使现场施工变得复杂，所以也有采用预制混凝土构件（参照PCa88页）做成的楼梯。

钢结构楼梯

钢结构楼梯是将网纹钢板的踏步板安装在楼梯斜梁上，多作为避难楼梯、功能优先的楼梯所采用。有轻量且可预制的优点，也有容易振动、不耐火等缺点。

在钢结构的高层建筑中，规划的楼梯间一般都采用钢骨楼梯，根据建筑物进行微调，将踏步板安装在钢板楼梯斜梁上，将踏步板作为模板浇筑砂浆，以提高步行感的楼梯等，很多成品的直跑楼梯和双跑平行楼梯被广泛采用（图3）。

照片所示是用上部梁的拉杆将楼梯吊起来，用钢骨踏步背面和藤条扶手墙等协调结构和装饰的范例。

梯段的支撑方式 - 图1

①用梁支撑

②与楼板一体化进行支撑

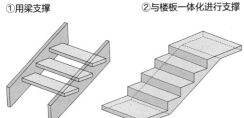

吊挂楼梯 - 照片

吊挂楼梯图例

③用墙体支撑

④用墙体支撑踏步板

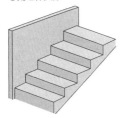
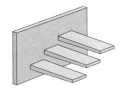

木制成品楼梯 - 图2

建材厂家定制的部品在
现场安装

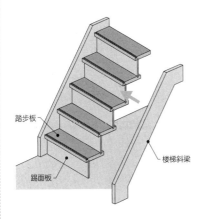

踏步板

踢面板

楼梯斜梁

钢结构楼梯 - 图3

在一般建筑物中，层高
不均匀是比较少的，可
以采用预制成品的楼梯

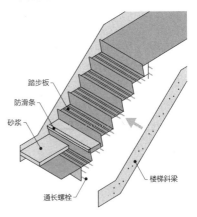

踏步板

防滑条

砂浆

通长螺栓

楼梯斜梁

069 楼梯

楼梯的扶手

扶手的作用和设置方法

 要点
◆为辅助升降、防止跌倒，需要上升用和下降用两种高度
◆防止跌倒的扶手高度，与成年人身体的重心有关

辅助升降、防止坠落

楼梯的扶手，具有辅助升降、防止跌倒，或防止从楼梯侧面和休息平台跌倒两个功能。

关于扶手，有尺寸上的制约。根据法规，部分休息平台，有必要从防止跌倒的角度上考虑，扶手高度为110cm，但对一般部位从辅助升降、防止坠落的目的出发，一般为80～90cm（考虑老年人的使用，设置成2档高度时，分别为85cm左右和65cm左右）。另外，为了应对辅助升降、防止跌倒两个可能，也有为防止跌倒而在足够高度的扶手内侧，另外设置辅助升降用扶手的做法。

关于扶手栏杆的间距，与屋面的扶手同样，推荐净尺寸为11cm以下（图1）。

扶手压顶木的材质应以防滑、手感好、不易污浊的材料为好。

扶手的固定

扶手的安装大体分为在墙体固定和通过扶手栏杆在地面固定两种，后者是通过扶手栏杆的安装方法，进一步分成几个类型（图2）。前者如墙为木结构或钢结构，间柱、横撑为基底的情况下，常常需要做固定用的基础。

扶手大部分是上市产品。但与楼梯同样，根据情况要求有设计创意的地方，局部也有（图3）。

非特定人群使用的建筑物在紧急疏散时，由于人群集中会产生意外的能量。对强度的检查不可缺少（参照188页）。

防止跌倒的扶手除楼梯以外，也应在挑空空间、阳台，或外围开口部设置。另外，在矮窗型的开口部，要求具备与扶手同样的防止跌倒的功能。

图5是依据老年人居住法等设置扶手的案例。

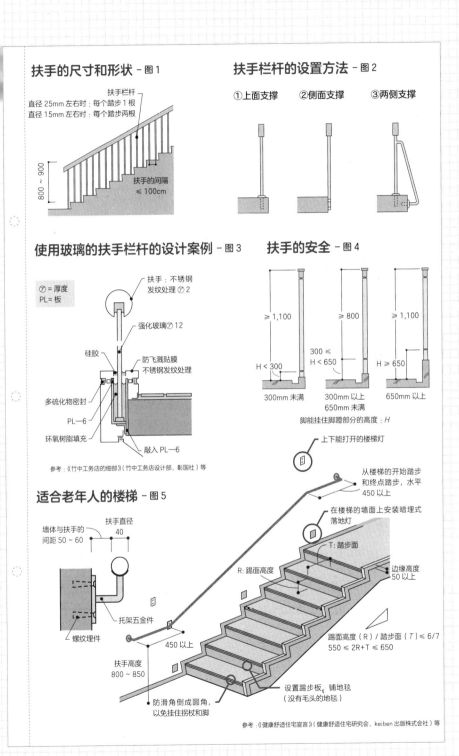

扶手的尺寸和形状 - 图1

扶手栏杆
直径 25mm 左右时：每个踏步 1 根
直径 15mm 左右时：每个踏步两根

800 ~ 900

扶手的间隔
≤ 100cm

扶手栏杆的设置方法 - 图2

①上面支撑　②侧面支撑　③两侧支撑

使用玻璃的扶手栏杆的设计案例 - 图3

⑦ = 厚度
PL= 板

扶手：不锈钢
发纹处理 ⑦ 2

强化玻璃⑦ 12

硅胶
防飞溅贴膜
不锈钢发纹处理

多硫化物密封

PL—6

环氧树脂填充

敲入 PL—6

参考：《竹中工务店的细部》(竹中工务店设计部，彰国社）等

扶手的安全 - 图4

≥ 1,100

H < 300

300mm 未满

≥ 800

300 ≤
H < 650

300mm 以上
650mm 未满

≥ 1,100

H ≥ 650

650mm 以上

脚能挂住脚蹬部分的高度：H

适合老年人的楼梯 - 图5

墙体与扶手的
间距 50 ~ 60

扶手直径
40

托架五金件

螺纹埋件

450 以上

扶手高度
800 ~ 850

防滑角倒成圆角，
以免挂住拐杖和脚

上下能打开的楼梯灯

从楼梯的开始踏步
和终点踏步，水平
450 以上

在楼梯的墙面上安装暗埋式
落地灯

T: 踏步面

R: 踢面高度

边缘高度
50 以上

踢面高度（R）/ 踏步面（T）≤ 6/7
550 ≤ 2R+T ≤ 650

设置踢步板，铺地毯
（没有毛头的地毯）

参考：《健康舒适住宅宣言》(健康舒适住宅研究会，keiben 出版株式会社）等

070 楼梯

休息平台

折回以及与梁的连接

 要点
◆在休息平台折回的扶手、梯段边缘的处理是关键
◆在同样位置的梁和楼梯，特别是与梯段的连接也是关键

扶手和边缘处理

　　双跑平行楼梯休息平台的梯段的设置方法大体分为三类（图1）。降低1个上升踏步的图①是容易收头的楼梯斜梁，适合钢结构和木结构的楼梯；降低1个下降踏步的图1②，也要根据休息平台的楼板厚度，梯段背面的处理比较容易，适合RC楼梯简易的设计的话如图1③所示，但扶手和边缘等的处理较难。休息平台折返部的扶手上端，有时设有珠顶和狮子头等，这些都是为了收头处理。

　　边缘是为梯段端部的收头，替代踢脚线而设置的，高度5cm左右为惯例。对于双跑平行楼梯的休息平台的边缘，正确的解答如图2①所示，相反干脆在休息平台上开口，进行边缘处理（也要根据防滑条的形状、表面处理），不在休息平台上开口，用边缘的宽度进行调整的方法也可以考虑（图2②）。另外，

如上升和下降的梯段间距狭窄的话，其侧面的装饰作业会变得困难，一般需要设置150mm的间隙。

楼梯与梁的连接

　　在梁柱结构的建筑物中，楼梯间有可能暴露柱子和梁的形状，有效宽度被压缩。这与相关法规有关，特别是双跑平行楼梯的休息平台部分需要注意（图3）。

　　一般来讲，楼梯与梁连接较多。在RC结构中，如果搞错了楼梯位置的话，梁就会成为部分截面缺损的形状（图4），在钢结构中，楼梯斜梁的尺寸、安装位置（是梁的法兰在上还是腹板在上）等表面处理会发生变化，如牵涉到耐火涂层的话就会变得更加复杂，楼梯和梁的连接处理会很困难。

　　为在踏板口增加耐摩擦性、耐磨损性、耐冲击性，需安装防滑条。有在金属上安装橡胶的合成产品，有瓷砖等产品，但重要的是需要与主体牢固连接。

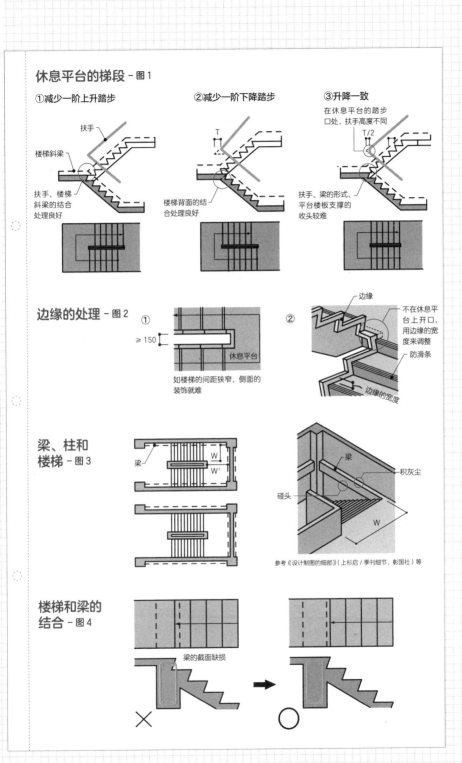

休息平台的梯段 - 图1

①减少一阶上升踏步

扶手

楼梯斜梁

扶手、楼梯
斜梁的结合
处理良好

②减少一阶下降踏步

T

楼梯背面的结
合处理良好

③升降一致

在休息平台的踏步
口处，扶手高度不同

T/2

扶手、梁的形式、
平台楼板支撑的
收头较难

边缘的处理 - 图2

①

≥150

休息平台

如楼梯的间距狭窄，侧面的
装饰就难

②

边缘

不在休息平
台上开口，
用边缘的宽
度来调整

防滑条

边缘的宽度

梁、柱和
楼梯 - 图3

梁

W
W'

梁

积灰尘

碰头

W

参考《设计制图的细部》（上杉启／季刊细节，彰国社）等

楼梯和梁的
结合 - 图4

梁的截面缺损

×

○

071 顶棚

形状和性能

不燃性、吸声性、意象性

要点
◆将上部结构和基底暴露在外的是饰面顶棚
◆用家具等遮挡的部分较少，也重视装饰性和吸声性等

根据用途改变形状

顶棚的部位主体是屋顶或者上一层的楼板。顶棚构法大致分为能直接看到地板背面、屋顶层的装饰顶棚（照片1）、在楼板背面、屋顶层上直接涂粉刷材料、粘贴石膏板饰面的直接顶棚（照片2），以及采用木吊杆或金属吊杆等保持顶棚面的悬吊式顶棚（图1）等。一般都采用吊顶方式。

通常，顶棚会做成平面。但在茶室和有规格的房间中，有可能做成如图2所示的形状。另外，宽大的日式房间顶棚如水平式的建筑，看上去中央有下垂感，因此要做成凸的形状（施工时将中央部稍微提升）。浴室的顶棚，为防止结露水的滴下，设法做成缓坡状。此外，在剧院观众大厅等顶棚中，为使声音进行适当的反射，做成特殊的形状，或安装反射板（照片3）。

顶棚高度要根据房间的用途和面积的大小来确定，一般来讲房间小，高度就很低，房间大就高。住宅 2.4m 左右，办公室 2.7m 左右。关于住宅居室，法规规定应在 2.1m 以上。

应注意的性能

对顶棚首先应该注意的性能是不燃性。因为火灾时通过顶棚的延烧，顶棚的损伤会影响到上一楼层地板的损伤。特别是（在顶层以外的楼层）厨房等使用明火房间的顶棚，建筑规范规定应采用准不燃材料或不燃材料。此外，对于室外的屋檐顶棚、屋檐背面，从防止来自周围建筑物延烧角度的考虑，对城市市区中的木结构住宅，与外墙同样，必须是准防火结构等。

其次应注意吸声性。因为大部分的吸声材料耐久性比较差，根据建筑物的用途，不能在地板和墙面等部位使用。另外，对地板和墙等方面受到制约的光反射、色彩等设计性，在顶棚中也应被重视。

装饰顶棚 - 照片1

无梁楼板可以看到右上的柱子的背面暴露在外，确保了顶棚的高度

直接顶棚 - 照片2

公房住宅的例子

影剧院观众大厅顶棚的例子 - 照片3

考虑到音响效果，兼反射板的例子

顶棚的形状 - 图2

斜顶棚

船底形顶棚

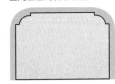

四周凹圆的格子顶棚

在茶室等建筑一般采用斜顶棚和船底形顶棚，在规格高的宅邸中一般采用四周凹圆的格子顶棚

木结构的吊顶顶棚 - 图1

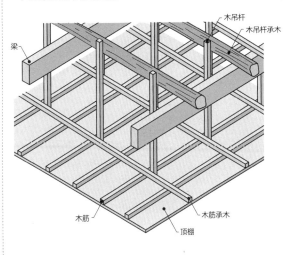

梁

木吊杆

木吊杆承木

木筋

顶棚

木筋承木

072 顶棚

顶棚的构成

重新认识顶棚的构成及构法

 要点
◆顶棚可以吊在楼板上，但不会吊在地板格栅上
◆近几年，因地震和漏水顶棚坍落情况不断发生，开始重新评估吊顶方法

直接顶棚往往会发生上一楼层的声音泄漏等性能上的问题，为收纳设备的配线、配管需要想方设法。但可以将层高降低，从而能有效降低成本，在RC结构住宅中得到广泛采用。

吊顶的层构成

顶棚的设置就是顶棚和屋顶或上一楼层地板之间形成了空间。与屋顶之间的称为阁楼，与上一楼层之间的称为地板下方或称为顶棚内。

在吊顶中，装饰材料有被称为龙骨的基底材料。龙骨是平行或采用格子状的线状构件，设置30～45cm左右的间距。木质龙骨的大小是4cm×4.5cm左右。将与龙骨同样材料制成的主龙骨按约90cm间隔进行设置，用3cm以上的木方子的木吊杆吊起（图1）。

金属的吊顶基层材料也很普及。届时，需要考虑能在龙骨使用钉子等。与木质相同，与木筋形成直角，设置槽形材料主龙骨，用9mm左右直径的螺栓吊杆吊起。悬吊材料时也采用钢丝等。所有的间距大多都在90cm左右（图2）。

重新认识吊顶构法

吊挂部件被安装在上部房梁和地面楼板上。结构主体为木结构时，用钉子将木吊杆固定在通过梁间的木吊杆承木上。但是如将木吊杆直接固定在上一楼层的龙骨上，步行的影响就会直接呈现在顶棚上，所以为避免这样做，当主体为RC结构楼板时，需预先放入预埋件，一般的方法是直接拧进螺栓吊杆。与波纹钢板同样的方法，采用焊接进行安装（图3）。

顶棚重量一般都比较轻，无论是木材或钢材悬吊材料都极为纤细，安装照明设备和空调器具时，需要进行加固。近几年，顶棚的坍落事故频发，金属副龙骨和主龙骨的安装结构和顶棚面材的安装结构成为问题。

木制基底的顶棚－图1

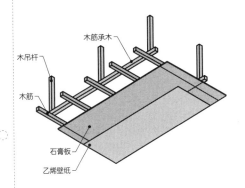

- 木筋承木
- 木吊杆
- 木筋
- 石膏板
- 乙烯壁纸

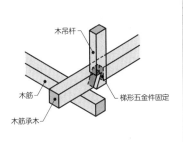

- 木吊杆
- 木筋
- 木筋承木
- 梯形五金件固定

轻钢龙骨吊顶－图2

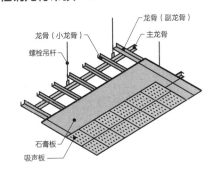

- 龙骨（小龙骨）
- 螺栓吊杆
- 龙骨（副龙骨）
- 主龙骨
- 石膏板
- 吸声板

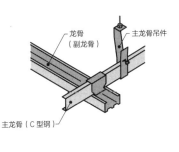

- 龙骨（副龙骨）
- 主龙骨吊件
- 主龙骨（C型钢）

顶棚的悬吊方法－图3

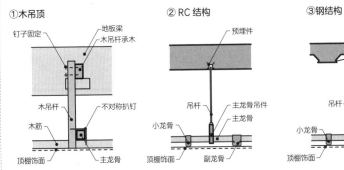

① 木吊顶
- 钉子固定
- 地板梁
- 木吊杆承木
- 木吊杆
- 不对称扒钉
- 木筋
- 顶棚饰面
- 主龙骨

② RC结构
- 预埋件
- 吊杆
- 主龙骨吊件
- 主龙骨
- 小龙骨
- 顶棚饰面
- 副龙骨

③ 钢结构
- 波形钢板
- 预埋件
- 吊杆
- 主龙骨吊件
- 主龙骨
- 小龙骨
- 顶棚饰面
- 副龙骨

　　为使顶棚面的施工达到平整，一般是通过使吊挂件上下调整水平，木吊杆的情况下，比较简单，但使用金属吊杆时，需通过丝扣进行调节，其工作效率不高。

073 顶棚

饰面工程

顶棚的装饰方法

 要点
◆ 将保温材料面朝模板放置、然后浇筑混凝土的预先埋入工法是典型的内保温做法
◆ 固定在龙骨上的顶棚和固定在木压条、方格上的传统顶棚

板材的使用

格栅一般是平行设置的，但如是岩棉吸声板、吸声纤维板（软性纤维板）等刚性较差的（容易变形）面材，除将格栅组合成格子状以外，还采用板形格栅缩小格栅间距等方法，也经常采用粘贴基底石膏板等的工法。日式的竹顶棚等，也是在基底上双重粘贴的工法。由于薄板压边顶棚中使用的宽幅板材价格较高，也有采用工厂制成的镶板条装饰出日式风格的（图1）。

当采用水泥纤维板等具有保温性的厚质材料时，设置在楼板底部，直接作为饰面（图2）。

粉刷饰面

由于粉刷材料比较重，加上基底的施工需要微妙的机制，所以避免对吊顶进行粉刷饰面。如不得不进行粉刷饰面时，作为基底的表面材料应采用木板条、浅沟石膏板、金属丝网等，首先应防止坍落，粉刷时注意与基底面的附着不要太厚（图3）。

薄板压边顶棚和装配式顶棚

所谓木压条就是顶棚四边设置的细长材料，在木压条上面，排列顶棚板，再用木吊杆吊起，只使用木压条上面的燕尾榫的巧妙装置。因为板材收缩会弯曲，板与板重叠，关键部位用称为蝗虫楔的小木片压住。将板用钉子钉在木压条上面（图4）。再者，木压条原则上是与作为壁龛的房间并行。将木压条形状的部件组合成格子的方格形顶棚称为格子顶棚，构法的思路与薄板压边顶棚相同。采用四周凹圆形顶棚形状的情况很多。

在一般的四周凹圆形顶棚中，表面部件的安装为朝上作业，而薄板压边顶棚和方子顶棚等，是将面材搁置在基底上的形式。很多装配式顶棚也采用搁置的形式。

盖缝板顶棚－图1

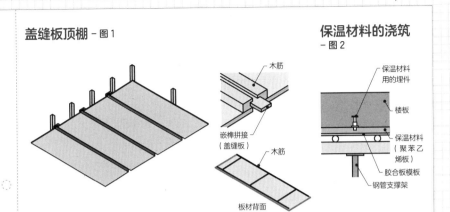

木筋

嵌榫拼接
（盖缝板）

木筋

板材背面

保温材料的浇筑 －图2

保温材料
用的埋件

楼板

保温材料
（聚苯乙
烯板）

胶合板模板

钢管支撑架

木吊顶基层的粉刷饰面－图3

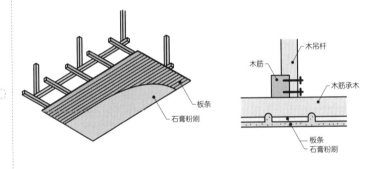

木吊杆

木筋

木筋承木

板条

石膏粉刷

板条

石膏粉刷

薄板压边顶棚－图4

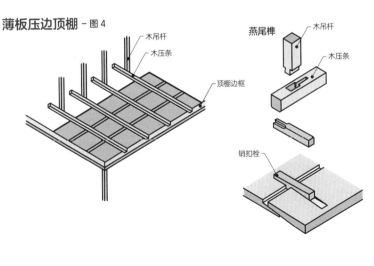

木吊杆

木压条

顶棚边框

燕尾榫

木吊杆

木压条

销扣栓

074 顶棚

接缝与连接

收头处理的原理

 要点
◆排砖的划线定位从中心开始，收头原则之一是接缝应采取透缝或倒角
◆边框线分先安装或后安装，与踢脚线相同

接缝的重要性，与梁的接合

顶棚是设计上重要的元素，除了顶棚材料的装饰效果以外，顶棚材料的排砖撂底和接缝也很重要。尽管"从中心开始"是一个基本做法，但需注意周边材料的尺寸，不要变得过分碎小，有必要判断是始于"接缝心"还是"材料心"（图1）。装饰材料相互对接会使制造公差、施工误差都显而易见，进行透缝或倒角是这种形式的共同原理（图2）。

在层高较低等的情况下，与梁的互相接合会成为问题。设计上，既想遮住梁，又想确保顶棚的高度。可是在梁上有挠度，建筑物结构主体的施工精度较低，另外，钢结构的情况下，由于与梁的接合部有夹板和螺栓（参照67页）等突起物等原因，让梁下端与顶棚表面接近，连接处理受到限制。顶棚和梁的连接是外露型还是隐蔽型，必须二者取一。

在与顶棚连接的特殊部位有挡烟垂壁。图3是使用玻璃的例子，施工时，需要考虑主龙骨等顶棚基底的强度。

用装饰线条收头是一般的做法

外围墙和屋檐顶棚是不言而喻的，对于隔墙，采用所谓更耐久的"压住顶棚"进行连接。顶棚与墙连接部分，一般采用装饰线条进行处理（图4）。

装饰线条与踢脚线相同，分在顶棚和墙的工程前进行的预先安装和工程完工后的后安装。预先安装与踢脚线相同，可作为标尺使用。在连接部设置透缝，压住墙体构件或顶棚构件，装饰线条后的后安装与踢脚线相同，也是矫正制造、施工误差的有效方法，但从设计上看往往显得粗糙，也有使用石膏线条的（molding）。

装饰线条的材料应根据饰面材料，除了木制品以外，氯乙烯制品和铝制品等截面固定的形状的构件（所谓截面材料）也被使用。

板材的划线定位方法 - 图1

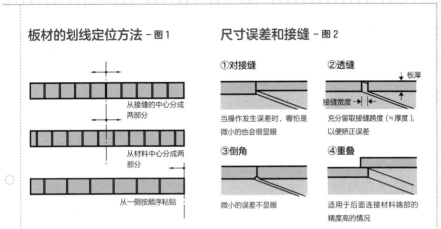

从接缝的中心分成
两部分

从材料中心分成两
部分

从一侧按顺序粘贴

尺寸误差和接缝 - 图2

①对接缝

当操作发生误差时，哪怕是
微小的也会很显眼

②透缝

充分留取接缝跨度（≒厚度），
以便矫正误差

③倒角

微小的误差不显眼

④重叠

适用于后面连接材料端部的
精度高的情况

挡烟垂壁的安装例子 - 图3

根据建筑物的用途和规模，要求进行分区域防烟

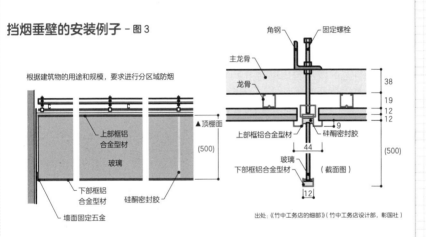

上部框铝
合金型材

玻璃

下部框铝
合金型材

硅酮密封胶

墙面固定五金

▲顶棚面

(500)

角钢

固定螺栓

主龙骨

龙骨

上部框铝合金型材

硅酮密封胶

玻璃

下部框铝合金型材

（截面图）

38
19
12
12
9
44
(500)
12

出处：《竹中工务店的细部》（竹中工务店设计部，彰国社）

各种装饰线条 - 图4

①木制品
（后安装）

②铝合金制品
（后安装）

③暗装饰线条（透缝）
（先安装）

④薄板压边顶棚
的装饰线条
（先安装）

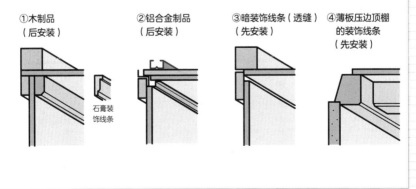

石膏装
饰线条

075 顶棚

装配式顶棚

从诞生到构法的重新探讨

要点
◆以部位为单位承包工程的整体顶棚，以设备取胜
◆在构法上，暗框型和明框型具有代表性

诞生的理由

商务办公大楼等的顶棚除了照明设备以外，还装有空调终端、感应器等信息终端、喷淋装置等各种各样的设备（图1）。为此，相互连接和进度管理变得复杂，另外，由于模数协调（参照234页）的普及，作为对策产生了整体式顶棚（图2）。这是从电气、空调、信息、供水等设备工程到建筑工程进行一揽子处理，从照明设备到喷淋设备将机器和顶棚材料进行有系统的配置，同时也考虑维修保养等。

是否采用整体式顶棚，除了上述理由外，如果再包括设备，所需成本就会更高，还有如果顶棚施工不结束，其他内部装饰工程也无法开始等理由。一般认为，在建筑工程中，最简便的顶棚其系统化是否最先进，很大程度上取决于与设备的关系。

种类、名称的差异

整体式顶棚的种类和名称由于装饰材料或制造厂家而不同。岩棉工业会将设备区域分成在传送带上进行配置的带状系列，和在格子上进行点状配置的十字架系列。在构法上，作为饰面材料的吸声板接合部，即凹凸企口部位插入H形龙骨，用压条T形龙骨来固定该H形龙骨暗埋式类型，与压条同样，直接用T形龙骨由下支撑吸声板，用主龙骨悬吊的裸露式顶棚是具有代表性的类型（图3）。

由于此种安装方法难以确保表面刚性，为提高水平刚性，则需要放入斜撑，作为应对层间位移采取的对策是将墙端与主龙骨之间隔开1cm以上。但近几年，现有的轻钢龙骨基底的顶棚也一样，由于地震等发生了坍落事故，包括连接中龙骨和主龙骨挂件的形状、刚性，该构法正在重新进行探讨（参照157页）。

设置在顶棚上的设备 – 图1

①照明器具（下方开放型荧光灯）

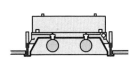

②紧急照明器具

③火灾感应器

④喷淋头

装配式顶棚 – 图2

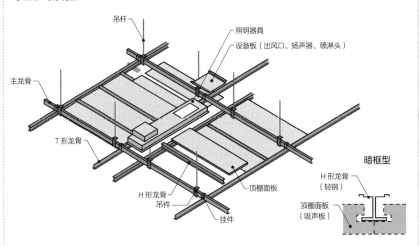

吊杆

照明器具

设备板（出风口、扬声器、喷淋头）

主龙骨

T形龙骨

H形龙骨

吊件

挂件

顶棚面板

暗框型

H形龙骨（轻钢）

顶棚面板（吸声板）

顶棚面板的安装方式 – 图3

①暗框型

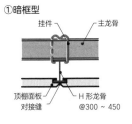

挂件　　主龙骨

顶棚面板
对接缝

H形龙骨
@300～450

②明框型

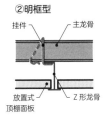

挂件　　主龙骨

放置式
顶棚面板

Z形龙骨

③面板固定型

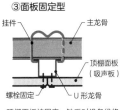

挂件　　主龙骨

顶棚面板（吸声板）

螺栓固定　　U形龙骨

顶棚面板被固定，缺乏对设备维修
的考虑，不像是装配式顶棚

076 顶棚

屋顶顶棚

内保温和外保温

 要点
◆在坡屋顶利用阁楼时，采用在屋顶面进行保温，是通气构法
◆外保温如能控制建筑物的温度变化，就能有效防止结露和提高耐久性

阁楼的利用

考虑保温等性能时，需要将屋顶饰面到下一楼层的顶棚饰面作为屋顶顶棚进行考虑。如果不利用阁楼时，保温材料应放入顶棚背面或龙骨的上面。

从换气口排出潮气和夏季隔热等观点出发，阁楼作为等同户外空气的空间，是为了通过在山墙上设置的阁楼通风和屋檐缝隙进行通风（图1）。

利用阁楼时，应在屋顶基底设置保温层。届时，如铺底材料（防潮防水）采用沥青防水卷材的话，将会与后述的外墙同样，冬季时其正下方会发生内部结露的可能性。

因此，将铺底材料作为透湿防水垫，通过屋面材料和龙骨之间换气，由此尝试排出潮气的通气构法。用窄幅的板条留出间隙铺设望板是可以的，但将高防透湿板作为望板使用是不适当的。

内保温和外保温

保温有两种方法。在屋顶结构体的楼板底部设置的称内保温，在楼板表面设置的称外保温（图2）。内保温是把保温材料放在屋顶楼板的模板上，然后浇筑混凝土，或在楼板完成后进行喷涂或进行安装。这是比较简单的工程，不需要特别关照。在空调冷暖气开启时，由于主体结构内侧有保温层，在短时间可以呈现暖冷气的效果。

在外保温中，有保温层设置在防水层上面的（USD，Up Side Down，inverted Roof system）构法，以及在防水层和楼板之间设置的（BUR，Built Up Roof System）构法。冬季这些构法在楼板背面发生结露的可能性很小，另外，由于在保温层内侧的结构体受冬夏季温度变化的影响较小，楼板温度的伸缩得到控制，这从结构体的耐久性角度来看是有利的（图3）。近几年，从保护防水层的意义出发，USD构法倍受关注。

坡屋顶的保温和阁楼的通风 - 图1

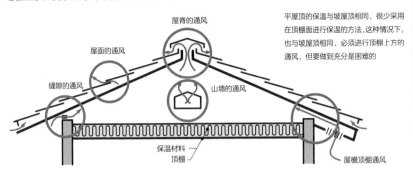

平屋顶的保温与坡屋顶相同，很少采用在顶棚面进行保温的方法，这种情况下，也与坡屋顶相同，必须进行顶棚上方的通风，但要做到充分是困难的

平屋顶的保温 - 图2

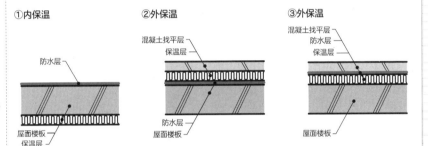

外保温构法由于冷暖空调的启动时间较长，适合在欧美较多采用的连续型冷暖空调。在日本有的意见认为一般在规定时间内的冷暖空调，其使用的方便性不是很理想。采用波纹钢板的平屋顶的情况下，为使波纹钢板本身就成为防潮层，必须采用外保温

保温层的位置和温度变化 - 图3

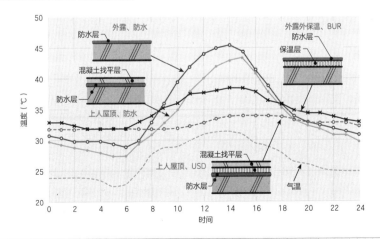

167

077 顶棚

楼板顶棚

主题是楼板冲击声隔声性和室内化

 要点
◆重量楼板冲击声隔声性，是由楼板主体的性能决定的
◆也有尝试将楼板顶棚用于空调设备的给排气管道进行使用的

地板冲击声隔声性

从地板饰面到下一楼层顶棚饰面称为楼面顶棚。这是将地板和顶棚不能单独处理的地板冲击声隔声性等性能作为研究对象。

在地板冲击声隔声性试验中，有轮胎造成的重量冲击源和敲击造成的轻量冲击源（图1）。全部如图2所示将下层的水平测量值填写在水平曲线上，将测量值的接近上位（严格地说容许2dB以下）的水平作为该楼面的冲击声隔声性能值。图2表示的地板就是L-60。

重量楼板冲击声隔声性也源于基底的构成，但受楼板结构（大多也是建筑物结构主体）的影响很大。RC结构L-55，钢结构L-60，木结构L-65是考虑隔声性的楼板顶棚的一个目标，被认为是现实的极限。

地板冲击声隔声性，几乎全部取决于楼面的刚性，但对防止顶棚面的振动传播，实现高性能是有效的。图3是考虑此种情况的悬吊弓架案例。

地板冲击声隔声性不仅是楼面顶棚的构法，而且也因房间大小和周围墙的构法、施工的程度等而不同。性能表示时，必须在施工后进行测试。

设备机器的室内化

作为承担楼板顶棚另一个主题的是设备。除配管、配线和通风管以外，近几年内，将各种设备机器进行配套室内化的情况很多。各个机器的尺寸是重要的设计信息，如荧光灯的尺寸一样很少有统一的东西。每个公司有各自的产品，而且有很多的变更，很难应对。

取代预留的出风口，有时可以将地面或整个顶棚作为送风室（图4）。从原理上可获得更为均匀的气流分布。当然，地板供暖气、顶棚供冷气，但能同时供冷暖气使用的例子很少。另一方面，不是送风，而是作为排风道使用的地板和顶棚的例子很多。

地板冲击试验 - 图1

标准重量冲击源　　　　　　　标准轻量敲击源

轮胎 7.3kg
自由落下
地板结构

锤子 500g
自由落下
40mm
地板结构

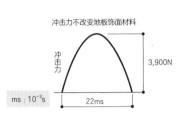

冲击力不改变地板饰面材料

冲击力
3,900N
ms : 10⁻³s
22ms

相对冲击力
裸混凝土地板
OIC 2mm
OIC 4mm
地毯
绒毛（pile）地毯 + 毛毯
10ms

地板冲击声和隔声等级 - 图2

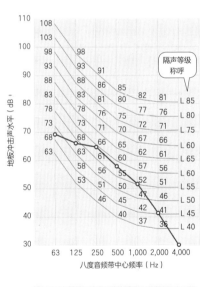

隔声等级称呼

地板冲击声水平（dB）

八度音频带中心频率（Hz）
63　125　250　500　1,000　2,000　4,000

L 85
L 80
L 75
L 60
L 65
L 60
L 55
L 50
L 45
L 40

（L 值）的求法

● 用从 63 到 4000Hz 的各频率的地板冲击声的水平画成曲线，全部的值从低于最接近上位的曲线中取，隔声等级为 L—60

● L 值如图 1 所示，分轻量冲击声和重量冲击声两个系统进行评价

考虑隔声的弓架 - 图3

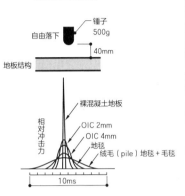

弓架缆索
弓架
龙骨

参考：『ARCHITECTURAL GRAPHIC STANDARDS（Student Edition）』
（The American Institute of Architects・John Wiley&Sons,inc.）等

送风管道 - 图4

①将顶棚上方空间作为空气层使用的例子

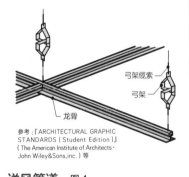

送风管道
顶棚：多孔板

②将双层地板作为空气层使用的例子

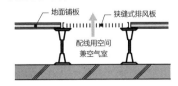

地面铺板
狭缝式排风板
配线用空间兼空气室

专题 4
东亚的坡屋顶

设竖挂瓦条的波形瓦屋面 – 图1

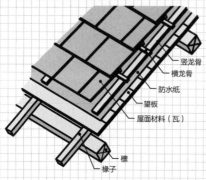

波形瓦屋面是在水平的挂瓦条下方设置竖龙骨的构法。除中国以外，也可在越南等地看到，可以说如从雨水顺利流淌的观点出发，比仅水平安装挂瓦条的日本构法更为优越

竖龙骨
横龙骨
防水纸
望板
屋面材料（瓦）

檩
椽子

将波纹板作为望板使用的屋顶 – 图2

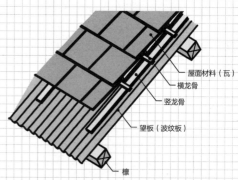

屋面材料（瓦）
横龙骨
竖龙骨
望板（波纹板）
檩

在东南亚，采用波纹板的屋顶很多，将波纹板作为望板使用的构法，在菲律宾很多，很独特

日本在挂瓦条下方设置竖龙骨的屋顶构法——照片

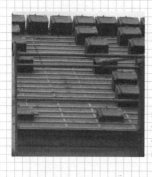

近几年这种构法以住宅构件厂家为中心在日本逐渐被采用

决定构法的必要条件

包括日本的印度半岛以东的东亚很多国家和地区，由于台风等，经历过大量降雨和强大的风速。另外，与欧美各国相比，处于相当低的纬度上，考虑到夏季的热损失，一般认为坡屋顶最理想，实际上，原有的住宅等很多都是坡屋顶的。可是，一般认为根据公营和公团等政府政策建设的新建筑很多都是平屋顶。

国土辽阔的中国，具有继承各种环境条件和地区传统的多种屋顶的构法。而且，周边各国的屋顶构法也与中国的很相似。

构法不仅由于气候、气象条件，也因模仿周边构法、文化、宗教的同时引进，居住习惯和容易获得的材料、技术等各种理由而变得多样化。

垂直部位的构法

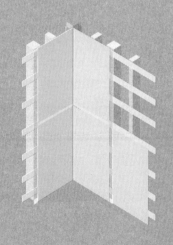

078 墙

种类和性能

与结构体的位置关系产生的特性

 要点
◆抗震墙是承重墙的一部分，幕墙（KW）和非承重墙一样
◆根据梁柱与墙的位置关系，就能掌握一般的性能

承重墙和非承重墙

墙的功能被分为外墙以及作为隔墙考虑的各种隔绝性和作为外墙面、内墙面考虑的意象性等。从性能上分前者主要是隔热性和隔声性，后者主要是不燃性和防水性等性能。关于各种性能，要求的程度因用地环境和建筑物用途、规模而不相同。

墙的功能大致可分为两种：墙体结构像墙那样支撑主体建筑物；和梁柱构成的框架结构其墙体没有承重功能。前者称承重墙，后者称非承重墙。在承重墙中承担水平荷载的墙称为抗震墙。非承重墙称为幕墙（CW，Curtain，参照190页），但是，Curtain Wall 这个词的使用大多限于高层建筑的外墙上使用的工业化产品。

功能和注意点

在梁柱式建筑物中，作为结构体的梁柱和外墙，从位置关系到厚度上，可以考虑如图所示那样的情况。可以说以下情况是一般的。

● ① –1 是所谓 CW 的典型形态，隔绝性也好、意象性也好都是以墙为主体，连接上的问题较少。

● ① –2 是被梁柱强调的设计，需要考虑梁和墙连接的水密性等。

● ② –1 木结构相当于所称的明柱墙。强调梁柱的意象，梁柱与墙连接上的问题等遵照① –2。如为木结构，由于梁柱外露，对材料的防腐是关键，但很难达到高隔绝性。

● ② –2 在同一平面时结构体和外墙的连接很微妙，精度和刚度的调整等较难。在连续进行覆盖的饰面中，大多采用如① –1 所示的处理方法。

● ② –3 相当于在木结构中所称的隐墙。在隔绝性、意象性上墙成为主体这一点遵照① –1。木结构的隐藏梁柱可以获得较高的隔绝性，但要注意墙体内的结露。

梁柱和（外周）墙的位置关系－图

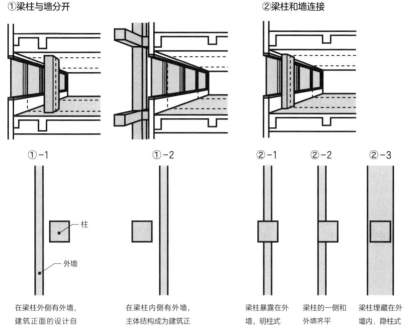

①梁柱与墙分开

② 梁柱和墙连接

| ①-1 | ①-2 | ②-1 | ②-2 | ②-3 |

柱

外墙

在梁柱外侧有外墙，建筑正面的设计自由度高

在梁柱内侧有外墙，主体结构成为建筑正面设计的要素

梁柱暴露在外墙，明柱式

梁柱的一侧和外墙齐平

梁柱埋藏在外墙内，隐柱式

对 CW 的性能要素的例子

● 耐风压性达到挠度 L/150（支点间距离超过 4m 时，L/200），绝对量 200mm 以下

相关规定：施行令 87 条第 2 项、平成十二年（2000 年）建设省告示第 1454 号 JIS A 1515、JASS14 等

CW 挠度

上层楼面

下层楼面

● 层间位移追随性

幕墙不得（破损）脱落

±/150（h：层高）

（在超高层 CW 中为h/100）

相关规定：昭和四十六年（1971 年）建设省告示第 109 号第三之 2

层间位移

● 耐火性

有延烧可能的部分为 1h，没有可能的部分为 30min

相关规定：施行令 107 条第 2 项、平成十二年（2000 年）建设省告示第 1399 号

5

垂直部位的构法

173

079 墙

墙的构成

层构成和抗震性

 要点
◆墙的基底由条状材料构成，也有面状材料
◆抗震墙的抗力和幕墙的变形力成为问题

层构成的变化

墙体结构分为三种，有在 RC 结构中，有与梁柱构成整体的"一体式"；有使用带梁柱的板块构成的"面板式"；有将木材或钢材等的条形材料排列起来，通过间柱（铅垂材料）、横撑（水平材料）构成面基层的"横撑式"。在与饰面的关系上，整体式和面板式非常相似，由砌块砌筑的墙可以认为是这些种类中的一种。

在以这种墙体结构为基础进行饰面的工程中，有如下的变化（图）。

①将墙的结构体直接作为饰面
（例子）清水混凝土
②直接在墙的结构体上进行饰面工程
（例子）混凝土和面板式喷涂
（例子）在间柱、横撑上张贴板材
③在墙体结构上设置基层，进行饰面工程
（例子）一体式和面板式张贴板材
（例子）在基层石膏板上进行粉刷饰面

墙体饰面根据施工的方法分为湿式工法（采用含水的不定形材料，在粉刷工程等之后，需要保养时间）和干式工法（采用面板、石膏板、板材等，用钉、胶粘剂、螺栓等固定）。

抗震性和变形追随性

墙层构成的下一步应该考虑的是抗震性。尽管抗震墙的水平承载力存在问题，但很多墙是非承重墙的，与建筑结构变形相符的追随性（称变形追随性）成为问题。建筑结构在大地震和台风来袭时，容许微量变形的同时形成可承受的结构，其变形（层间位移，参照 172 页）不能追随的墙就会损坏。

一般 RC 结构的变形追随性较小，而钢结构和木结构较大。墙体结构之一的整体式变形追随性较小，横撑式较大。面板式非承重墙，必须采用考虑变形追随性的安装施工方法。另外，一般来说，湿式施工法的墙其追随性很小，干式施工法的墙追随性较大。

墙体结构、饰面、基底-图

①墙体结构=饰面

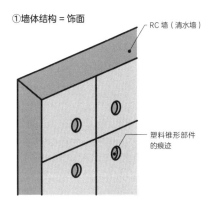

RC 墙（清水墙）

塑料锥形部件
的痕迹

清水墙的饰面例子

②墙结构体+饰面

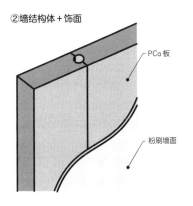

PCa 板

粉刷墙面

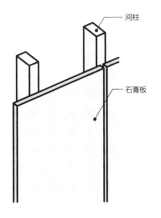

间柱

石膏板

③墙体结构+基底+饰面

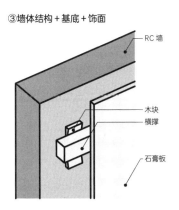

RC 墙

木块
横撑

石膏板

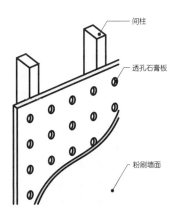

间柱

透孔石膏板

粉刷墙面

080 墙

粉刷墙

粉刷材料的种类和施工

◆粉刷基底将湿式材料固定在墙上的机理是必须的
◆粉刷墙给人以古老建筑的印象，但近几年，作为自然素材重新受到关注

所谓粉刷墙

粉刷墙使用如砂浆（石灰、硅石、铁渣再加上石膏做成水泥等）、石膏板（石膏等）、灰浆（消石灰等）、纤维墙、硅藻土、土墙等，在墙体结构或粉刷基层上用泥镘涂抹，或采用喷涂进行饰面工程的墙体。

粉刷基层需要将材料固定在墙面上的装置。墙体结构的表面不平滑为好，有用钢丝编织的金属网、将宽3cm左右的板以5mm左右的间距排列的木条、在石膏板表面以10cm左右的间距设置的点状凹陷的带孔石膏板，作为传统的墙体会采用板条抹灰墙等。

粉刷墙的例子

对于灰浆粉刷，以前都使用木条作为基底，但现在大多使用带孔石膏板（图1）。对于石膏板、灰泥（$CaSO_4 \cdot 2H_2O$），因为与石膏板表面的板纸和灰泥的黏着度较好，用一般石膏板作为基底是可以满足的。

传统的粉刷墙的板条抹灰墙，如图2所示，用绳将加固用竖板条、竹板条、竹骨胎绑扎起来。从竹骨胎的两侧抹掺入麻刀的土，毛坯墙完成后，最后涂刷砂墙饰面。

就木结构而言，一个时期很多是砂浆饰面的外墙。将宽度10~12cm的板，或胶合板钉在间柱上，而且置入沥青毡（防水纸），埋入金属板网或钢丝网，再涂刷砂浆或采用喷涂等进行饰面。网在固定砂浆的同时，也可为防止开裂发挥作用（图3）。

粉刷墙面的施工需要熟练技术，先分几次薄薄地涂抹，待充分干燥后再涂下一层，施工需要花费时间，且容易产生收缩裂缝等缺点。为将裂缝集中起来，设置接缝的办法从确保层间位移追随性意义上看是有效的。明柱墙结构的柱子与接缝一样发挥着相同的作用。

粉刷基层 – 图1

①木条

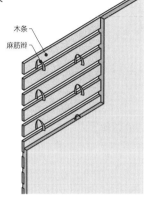

木条
麻筋辫

②带孔石膏板

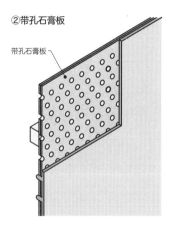

带孔石膏板

板条抹灰墙 – 图2

加固用竖板条
竹骨胎
间隔用竹筋

加固用竖板条
竹板条
竹骨胎
贯通横撑

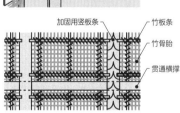

嵌入金属网的粉刷墙面 – 图3

基层板

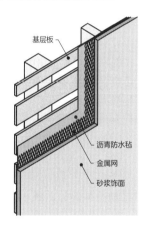

沥青防水毡
金属网
砂浆饰面

粉刷材料的化学构成

● 水泥的主要原料
生石灰（$CaO+SiO_2+Al_2O_3+Fe_2O_3$）+ 石膏 $CaSO_4$

● 烧石膏（石膏粉的主原料）的水硬
$CaSO_4 \cdot \frac{1}{2}H_2O + \frac{3}{2}H_2O = CaSO_4 \cdot 2H_2O$

● 消石灰（灰浆的主要原料）的气硬
$Ca(OH)_2 + CO_2 = CaCO_3 + H_2O$

081 墙

贴板

应对防火规范、内部结露的外墙

要点

◆ "拼接"的文化是对缺乏胶合板技术的赐物
◆ 通气构法是将墙内的潮气引向通气层并将其排出的机理

拼接和贴板

在没有胶合板、石膏板和纤维板技术的时代，要想得到宽幅的板只有采用粗的树木，但在日本有将窄幅木板的端头进行连接作为板材的"拼接"技术（图1）。基底是横撑式。在图表中，使用在内墙上的有企口拼接、错缝拼接、嵌榫拼接等方式。

另一方面，在外墙中由于泛水等问题，需采用叠加固定的护墙雨淋板（从下方可以看到叠加部分的贴板）。将宽20～30cm的薄板钉在柱子或间柱上，用压缝条压住护墙雨淋板（图2），在叠加的错缝部分用钉子固定，形成横钉露缝的德式护墙雨淋板等。

如图3所示放入阶梯状切口内的压条（叫刻槽压条），预先从背面钉板的刻槽压条护墙板是为保护板条抹灰墙的裙墙部分而使用，是只限于积雪期设置的方法。

用这种材料进行横向使用的称为横板墙，纵向使用的称为竖板墙（图4）。

外墙的通气构法

现在，市区的外墙由于受限于防火规范，使用木板比较困难。因此，木结构住宅的外墙使用了很多被称为陶板系列外墙挂板的块状材料。所谓外墙挂板（siding）就是类似护墙板等使用在外墙的板。现在，在日本多采用护墙板的设计风格，绝大部分是这种板材。其很多做法是将厚20mm左右称为竖撑的板材固定在饰面材料和防水毡之间，设置通气层的通气构法（图5②）。在传统护墙板构法和由保温材料（无透湿性的）及防水毡的构法（图5①）中，冬季，在防水卷材的背面，水蒸气压力超过设定的饱和水蒸气压力时，内部结露的可能性很高。图5③是后述的外保温构法（参照194页）的层构成。

板的拼接方法 – 图1

企口拼接

错缝拼接

嵌榫拼接

透缝企口拼接

透缝错缝拼接

对头拼接

压条护墙雨淋板 – 图2

透湿防水毡布

压条

护角压条

刻槽压条护墙板 – 图3

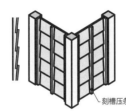

刻槽压条

竖条板墙 – 图4

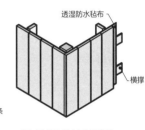

透湿防水毡布

横撑

竖条板墙需要横向贯通的横撑

木结构住宅的外墙层结构 – 图5

①防水毡布构法

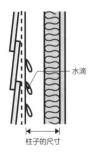

水滴

柱子的尺寸

冬季在防水毡的背面，当水蒸气压力超过设计的饱和水蒸气压力时，内部结露的可能性很高

②通气构法

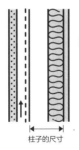

柱子的尺寸

因为目的是把木构架的潮气排出，要使用有防潮性的防水毡布

③外贴保温构法（＋通气构法）

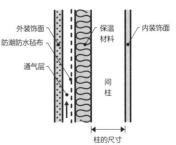

外装饰面

防潮防水毡布

通气层

保温材料

内装饰面

间柱

柱的尺寸

外贴保温构法的层构成

179

082 墙

石膏板贴面

石膏板和基底的种类

要点
◆石膏板贴面的基底原则上采用横撑式，也有湿式
◆成为问题的化学物质也有包含在家具中的可能性，规范要求通风

基底的种类

胶合板、石膏板、纤维增强水泥板等，一张板能覆盖的面积很大，也容易安装，因此近年来被大量使用（图1）。考虑到横撑式需要基底调整石膏板间的误差，大多采用透缝粘贴。在柱和边框材料等连接部分设置被称呼为小孔的槽，将石膏板的板边插入，完成安装。

横撑是在由 RC 结构等构成的整体式墙体粘贴石膏板时使用。要安装横撑，就需要将称为木砖的小木块事先浇筑在混凝土内，或用胶粘剂粘贴。采用石膏板时，也有用球形的特殊砂浆直接贴在混凝土表面的 GL 施工方法（图2）。GL 施工方法会由于内部结露引发霉菌和因球形砂浆造成的隔声性能降低等问题，但由于施工性好，在改良的同时被大量采用。但是内保温外墙很难防止内部结露。

面板式墙体也可以按照一体式进行，在层间位移大的情况下，基底另外需要横档骨架（图3）。如果采用的是水泥木纤维板和硬质水泥刨花板等刚性高的板材时，就不必将横撑、间柱组合成格子状，选择其中之一作为基底就可以充分发挥作用。

板类有的施以涂装，有的粘贴纸墙布或塑料墙布、壁纸等进行饰面，也有的直接用作装饰面的清水板。

致病住宅

近几年备受关注的针对内墙化学物质发散的应对措施，即有关于致病住宅的原因。如表所示将材料进行分级，由此对使用进行限制（此外规定要求设置通风设备的）。在贴墙布时使用的胶粘剂或涂料中含有甲醛，需要引起注意。

石膏板贴面 - 图1

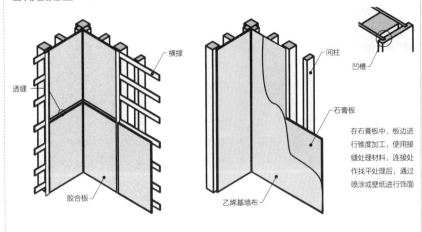

横撑

间柱

凹槽

透缝

石膏板

在石膏板中，板边进行锥度加工，使用接缝处理材料，连接处作找平处理后，通过喷涂或壁纸进行饰面

胶合板

乙烯基墙布

墙基层构法
（钢筋混凝土结构） - 图2

墙基层构法（板式） - 图3

ALC（轻质发泡混凝土）

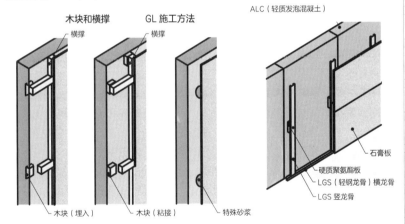

木块和横撑

GL 施工方法

横撑

横撑

石膏板

硬质聚氨酯板

LGS（轻钢龙骨）横龙骨

LGS 竖龙骨

木块（埋入）

木块（粘接）

特殊砂浆

对于甲醛建筑材料的规定 - 表

甲醛散发速度（单位 mg/m²·h）	材料规格 JIS、JAS	限制
0.005 以下	F ☆☆☆☆	无
0.005 以上 0.02 以下	F ☆☆☆	面积限制
0.02 以上 0.12 以下	F ☆☆	面积限制
0.12 以上	旧 E2、Fc2	禁止使用

在散发甲醛的建筑材料中，有要求标明散发等级。E0 ~ JIS（日本工业规范）的、Fco ~ Fc2 JAS（日本农林规范）的旧规格，相当于表内各 F ☆。

083 墙

面砖饰面

施工时的注意点和对策

 要点
◆防止面砖的脱落是半永久的研究课题
◆基于先贴面砖的PCa，专用基底石膏板的干式工法以及尝试仍在持续

面砖的施工方法

在日本的建筑物中，采用内外面砖饰面的做法很多。吸水率高的陶土砖用于内墙，面砖用于外墙。既有与烧砖相似尺寸的面砖，也有类似砌筑类型的情况（表）。

在RC结构等的一体式墙体中，可以使用砂浆和水泥浆直接贴面砖。对于板式结构，由于是按面板单位施工，需要设置接缝等措施。对于横撑式，外墙和浴室的墙，需要在粉刷基层上做砂浆面（防水布＋板条等）。内墙可以在石膏板类的板材上使用胶粘剂粘贴的方法。

防止脱落是目标

从保护RC结构墙体的观点出发，粘贴面砖是有效的，但因常年劣化而脱落的例子很多。虽进行了施压粘贴等各种工法的改良，但还是没有最佳方案。

据说在欧美贴面砖的外墙很少，可堪称面砖原型的砌筑墙本身不仅具备了这种功能，而且还解决了脱落问题。

以防止脱落为目标，有将面砖置入模具内，浇筑混凝土的预先粘贴的工法（图①）。由于这种工法可以使用与混凝土直接粘结的凸纹高的面砖，混凝土可充分附着等，在连接机理上十分卓越，但模板工程和混凝土浇筑比较麻烦，精度的确保和脱模后的修复比较困难等，施工时需要注意。

有将先贴面砖外墙板作为CW（幕墙）进行安装的（图②），也有将同样的外墙板像楼板那样的半PCa作为墙和柱子模板使用的工法。

住宅，采用先安装有挂面砖截面的五金件或窑制面板，然后粘贴面砖的干式工法（图③）。由于非熟练工问题、施工更新的方便性等理由，湿式向干式工法转变明显。

面砖的一般名称和尺寸 - 表

(单位：mm)

一般的名称	尺寸	备注
双顶头长瓷砖	227×60	
文化石墙砖	108×60	
45二丁挂	95×45	
200方（平）	192×192	内装：198×198
150方（平）	142×142	内装：148×148
100方（平）	92×92	内装：98×98
50方	45×45	马赛克 300×300

双顶头长瓷砖或烧墙砖与砖的尺寸近似，200方砖以下加上接缝部分就成为整数

各种面板的粘贴 - 图

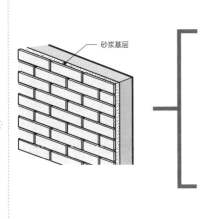

砂浆基层

①浇筑面砖

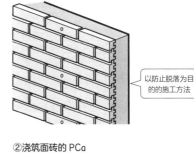

以防止脱落为目的的施工方法

②浇筑面砖的PCa

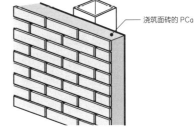

浇筑面砖的PCa

③干式面砖粘贴的施工方法（钢骨架的情况下）

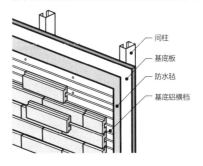

间柱
基底板
防水毡
基底铝横档

在现场粘贴面砖的施工方法有了各种做法的积累，面砖与基层砂浆、基层砂浆与混凝土等，由于热收缩的差异，脱落面各有不同

084 墙

石材贴面、清水墙

也要关注成本

 要点
◆干式工法的石材可做薄，为天然资源的保护作贡献
◆圆锥形垫圈也成为意象的元素，清水墙模板工程提高了精度

粘贴石材外墙的工法

粘贴花岗石、大理石等的毛石板和方形石板时，由于重量大，除使用砂浆或混凝土外，还采用五金挂件（弯钩锚固五金件）、合缝钉、扒手。与墙的钢筋接合的湿式工法，以及原理上与CW（参照190页）的安装方式相似，也有使用简便的五金钩扣，背面不使用砂浆的干式工法的（图1）。对于层间位移追随性，后者更为出色，石材变薄，材料费也可以削减。

当钢结构建筑要求大的层间位移追随性的情况下，与面砖相同，按照浇筑PCa面板的CW进行安装。石材和混凝土的接合不是依靠粘结，而是相互隔绝，用锚栓通过机械的、物理的方法进行（图2）。

也有尝试代替PCa板，在钢构和铝框架上安装石材的施工方法。对金属CW制造厂家来说，石材饰面的普及意味着不减少市场份额。表是各种石材的饰面工法的比较。

清水墙

RC结构的饰面，以前大多是涂抹砂浆，脱模时表面可以看到分隔杆的端部。近几年将混凝土面直接作为饰面的清水墙多起来。施工时需要将模板作为清水墙的挡板和支撑，分隔杆的塑料锥形隔离垫的印迹也成为一种装饰（图3照片）。

除此之外，也有改变模板材料形成不同的装饰、通过表面切削作为切削饰面的做法。总之，为了保护RC结构体，需要增加保护层的厚度（加厚），涂刷防水剂等。

另外，对于呈现在外墙表面的裂纹，从耐久性上看超过0.3mm以上（参照239页表2），从防水上看超过0.06mm是不利的。

石材贴面施工方法 - 图1

①湿式施工方法

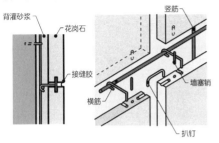

背灌砂浆
花岗石
接缝胶
竖筋
横筋
扒钉
墙塞销

②干式施工法

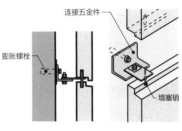

连接五金件
膨胀螺栓
墙塞销

石材的安装（PCa板的浇筑方法）- 图2

①机械型锚杆

螺栓 M6 直径
表面处理

②抗剪连接件

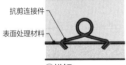

抗剪连接件
表面处理材料

③扒钉

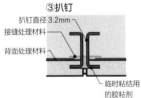

扒钉直径 3.2mm
接缝处理材料
背面处理材料
临时粘结用的胶粘剂

参考：《石与建筑》（武井吉一、中山实，鹿岛出版会）等

与石材贴面施工方法的比较 - 表

		湿式工法	干式工法	PCa浇筑工法
期待的性能	润泽的颜色、防止污渍、泛白	△	◎	○
	弯曲	△	◎	○
	表面精度	○	○	○
	盐类析出、冻害造成的表面损伤	△	◎	○
	结构主体状态的追从性	△	○	◎
	接缝	水泥质	密封材料	密封材料
	防止风荷载造成的损伤	○	△	◎
	防止冲击造成的损伤	◎	△	◎
设计施工上的注意点	石材的种类、强度	○	△	◎
	石板的大小、厚度	○	△ ≥ 25	◎
	结构体的种类	△	○	◎
	结构体的精度	◎	△	◎
	收头处理、石板的处理	△	○	◎
	伸缩接缝的设置、尺寸、填充材料	△	○	◎
	安装部位的承载力	○	△	◎
	施工性	△	○	◎
	实际业绩	◎	△	○

◎可以，容易处理　○良好　△需要注意

钢筋混凝土清水墙 - 图3

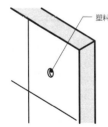

塑料锥形隔离垫的孔

塑料锥形隔离垫的图例

085 墙

墙的连接

对连接部位的考虑和规则

要点
◆配套内置设备中，需注意更新的设备会变得小
◆沟槽是石膏板墙粘贴的最终工序，高低错位是墙体粉刷的最终工序

外墙的连接部位

图1①表示外墙之间及外墙与其他部位的连接节点。这些节点是在外墙设计时，预先检查有无问题的基础上，探讨收头可能性的部位。对外墙材料制造厂家来说，究竟有多少通用部品收头可以应对，也是部品开发时需要研究的部位。

如考虑建筑物外部的热环境的话，在周边区域*采取空调的措施是必要的。外墙和设备的连接一般只是配管、配线等就够了，但W.T.A.（Wall Through Air、Conditioning Unit，除了空调出风口的室内机外，还要求设置送排风口，安装热交换用的室外机）可以进行小规模单位的微调，由于不需要连接室内机和室外机的通风管和配管，而得到了普及（图2）。置入配套设备时（内置设备），除有关送排风口的防水性问题外，主体结构与设备使用寿命的差异，需要考虑二者的改建、更换周期不一致等问题。

内墙连接要有规则

包括地、墙、顶的内装之间的连接种类如图1②所示。这些在内装设计时，在分别就收头进行讨论的同时，要预先编制通用的收头处理规则，这不仅对设计、施工，对维护管理也是必要的。

粉刷墙的连接，有一些规则。如是明柱墙，粉刷墙与柱、边框不在同一平面，让墙面比柱子略微下凹，称为高低错位。但粉刷墙的最终粉刷工序与粘贴外墙板相同，在柱子上设置错位槽（相当于沟槽，参照181页图1）进行装饰（图3）。这是考虑到粉刷墙在干燥收缩后也不会产生缝隙。另外，粉刷墙容易出现瑕疵，如是隐柱墙，阳角部位在施工时，应设置为确保角的精度的阳角保护条等（图4）。

---

*周边区域=表示窗边及外墙侧的室内空间部分

各部位的接合部 - 图1

①外墙的接合部

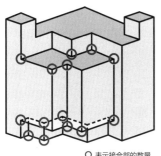

○ 表示接合部的数量

参考：《PC 玻璃幕墙的设计和施工》
（安倍一郎等，鹿岛出版会）

②地面、墙、顶棚的接合部

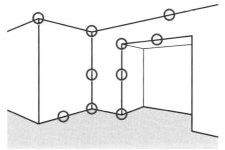

○ 表示接合部的数量

外墙与空调设备的接合 - 图2

①风机盘管机组

②外气导入型
风机盘管机组

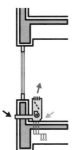

③外气导入型
窗式空调方式

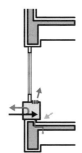

高低错位 - 图3

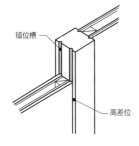

错位槽

高差位

护角条 - 图4

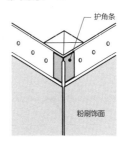

护角条

粉刷饰面

086 墙

污垢、损坏

建筑物损坏的原因和对策

 要点
◆为防止污染外墙规整、平滑的设计
◆防止建筑物对人的危害、防止人为对建筑物损坏的双向控制是关键

污垢的原因

建筑物的污损可以大致分成污垢和损坏。前者可以通过清扫、清除得以恢复，而后者需要进行大规模的修复或更换。

外墙的污染，除人为所致外，可以认为由以下原因产生：

①雨水经易积存尘埃、接近水平的面流至墙面（图1①）。

②有凹凸的墙面上，雨水不均匀流下（倾向于墙面的冲洗作用，图1②）。

③尘埃附着在不平滑的墙面上，很难通过雨水冲洗干净（图1③）。

④硅酮质的密封胶的硅元素的脱离、流下或由尘埃附着引起的霉变（图1④）。

⑤面砖和石材饰面的反面，由于水的渗入造成砂浆成分的泛白现象（Efflo-resence）（图1⑤）。

针对上述情况在图2中分别考虑了对策。

作为内墙和顶棚面污垢的原因，除人为的作用外，主要原因是表面结露或由于热传系数的差等造成尘埃附着和霉变等。

注意人为的损坏

需要事先考虑建筑物的人为损坏。表列举了人的用力或冲击力强度的数据。在非特定多数人使用的建筑物的各部位、特别是在紧急通道各部位进行设计时，应该重点关注损坏与安全性的关系。

此外，门把手周围和门下方的防护板等是兼有防污功能的典型例子，除此以外也有椅子的靠背和拐角部的防护、在医院等活动床的应对防护、停车场隔离墩等，应对人为损坏的措施各种各样（图3）。

此外，作为损坏的原因有生锈、中性化、腐蚀、冻害等，对于钢材、混凝土、木材、吸水性高的材料，需注意特别的应对措施。

外墙面的污染 - 图1

①从水平面到墙面

积存在水平面的油烟及垃圾与雨水一起流下，污染墙面

②窗台等墙面的凹凸

雨溅水
窗台等墙面的凹凸

③尘埃的附着和清洗
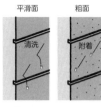
平滑面　　粗面
清洗　　附着

④成分的游离

低分子量
（硅素）游离
密封材料
水滴　雨
尘埃附着（发生霉变）
污垢显露

⑤采用球形粘贴的外装面砖的泛白现象（渗漏水）

球形砂浆
面砖
雨水积存在缝隙
雨水
从接缝缝隙进入的渗透水
从竖接缝外流的渗漏水
从横接缝外流的渗漏水

参考:《清水建设的细部》(清水建设设计本部，彰国社等)

防污的方法 - 图2

①使雨水在背面流淌
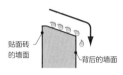
贴面砖的墙面
背后的墙面

②使雨水流离开墙面

③防止向侧面流淌

④去除凹凸做成平面
⑤使墙面平滑
⑥改良密封材料（再生硅等）

人推、倚靠产生的力 - 表

（单位: kg/1m 宽）

	状态	实际	设计用
	单人倚靠	25	50
	单人全力倚靠	150	300
	被挤推的1人很痛苦	190	600
	群体挤推位于最前列的人痛苦并尖叫	600	适当决定

出处:《建筑、室内、人体工学》
（小原二郎、内田祥哉、宇野英隆，鹿岛出版会）

医院防止破损的例子 - 图3

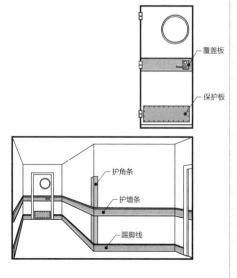
覆盖板
保护板
护角条
护墙条
踢脚线

087 墙

CW 及按性能订制

由 CW 产生的建造方式

 要点 ◆设计方决定性能，制造厂家决定规格，总承包公司进行管理
◆建筑的高层化使CW成为必然

采用玻璃砖的砌筑墙从结构上看也是幕墙，但几乎不能期待层间位移追随性。易产生龟裂，需要采用通过使用填充材料等，从结构上隔绝建筑主体等策略。

CW 的特征

一方面，把工业化生产的部品使用在外墙上的幕墙称为 Curtain Wall（CW）。

CW 的起源于 19 世纪末芝加哥的高层建筑物，其优点有通过轻量化减轻建筑主体的负担，采用预制化减少高空作业和缩短工期，去掉了临时脚手架，使质量得到了稳定等。在日本高层建筑中，对地震和强风所设想的层间变位通常是大的，CW 可以说是必要的外墙构法。CW 分为订制产品和现成产品，但在数量集中的大规模建筑物中，从重视产品的意义出发，大多采取订制生产。

CW 从性能订制和责任制施工两种生产方式开始。在 CW 中，耐风压性、层间位移追随性、水密性是重要的。从性能到规格一般由设计者决定，工厂根据这些要求进行生产，然后在现场安装，CW 根据设计者决定的性能，制造厂家决定规格进行生产，依靠该制造厂家的施工队伍进行施工。积累了技术的建材制造厂家将责任作为代价支付，作为分包商（Sub Contractor）参与到建筑。

CW 的种类

CW 依据主要材料大致分为金属（metal）、混凝土、玻璃、复合四大类（图 1）。另外，在确保 CW 变形与结构变形一致的情况下，有上下销轴连接方式；有上下某一方固定在建筑物主体结构上，其他采用滚动连接的滑升方式；有期待构成材料间柔软性的面内变形方式三种（图 2）。

CW 的构造方法的分类 - 图1

①单一面板式

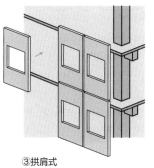

②抱框式

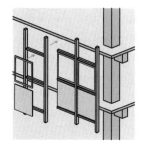

③拱肩式

④梁柱覆盖式

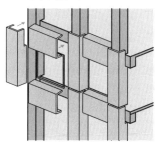

CW 构造方法有单一面板式、抱框式(竖框)拱肩式(transom 门窗横档)梁柱覆盖式,都是名称表示了主要的抗风压要素

CW 和层间变位 - 图2

①同步方式

②滑升方式
固定的情况下

③面内变形方式

F:固定端
R:滚轮上端
P:销端

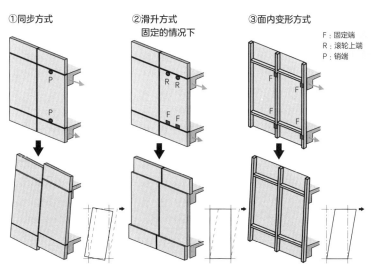

088 墙

CW 及安装

位移追随性和水密性

 要点 ◆根据构成对抗震性（层间位移追随性）的应对策略也不同
◆水密性是采用双密封的闭合接缝，还是采用等压的开放接缝

各种 CW

作为金属 CW 的材料，除了铝以外，也采用不锈钢和钢材等。也有面板式的，但大多是抱框式的。抱框式在上下的地面、梁上架设被称呼为抱框（mullion）的细柱状的材料，在其之间镶上窗框、玻璃、拱肩镶板构成。层间位移追随性取决于玻璃、拱肩镶板和窗框之间的面内变形方式。

混凝土 CW 是面板式，其面内刚性强，层间位移追随性大多采用滑动方式。耐火性等性能也很出色，在日本，由于价格接近金属 CW 而被大量使用。面板式是用连接铁件将一个层高的楼板安装在上下的楼板和梁上（图 1）。混凝土 CW 除此之外，在强调横线条时，采用横连窗设置容易的拱肩镶板方式，强调立体感外观时采用梁柱覆盖方式比较合适。

ALC（Autoclaved Lightweight Concrete）和挤压成型水泥板是最简易的面板式的 CW。用轻巧的连接件进行安装，价廉、作为钢结构低层建筑的经典构法得到广泛的普及。板面宽狭窄，竖向粘贴的板材，通过晃动方式追随层间变位（图 2）。

玻璃 CW 近几年被广泛采用。用简称 DPG（Dot Point Glazing）和 SSG（Structural Selant Glazing）的方法和用无框玻璃牢固地连接在建筑物上（参照 211 页）。

CW 的水密性

水、缝隙、水的流动是漏水的三个原因，但 CW 的节点大体分为闭合接缝和开放接缝。前者是将密封材料的不完全性通过室内和室外两个部位用双层密封消除缝隙，后者将 CW 的外部和内部的气压差消除，做到等压，是消除水移动的原因之一（图 3）。

混凝土 CW 和下部自重支撑的连接件 – 图1

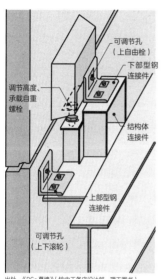

可调节孔
（上自由栓）

下部型钢
连接件

调节高度、
承载自重
螺栓

结构体
连接件

上部型钢
连接件

可调节孔
（上下滚轮）

出处：《PCa 幕墙》（竹中工务店设计部，理工图书）

ALC 板和连接件 – 图2

同步施工法（中央支撑）

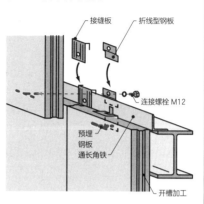

接缝板

折线型钢板

连接螺栓 M12

预埋
钢板
通长角铁

开槽加工

玻璃的挂吊支撑 – 图3

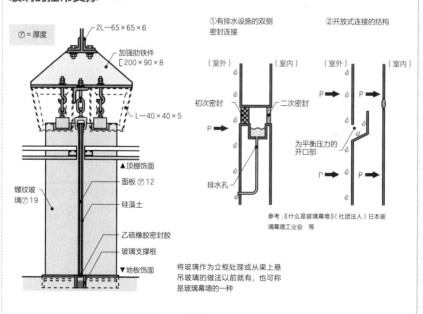

⑦ = 厚度

2L—65×65×6

加强肋铁件
[200×90×8

L—40×40×5

▲顶棚饰面

面板 ⑦ 12

硅藻土

螺纹玻
璃 ⑦ 19

乙硫橡胶密封胶

玻璃支撑框

▼地板饰面

①有排水设施的双侧
密封连接

（室外）　（室内）

初次密封　　　二次密封

P

排水孔

②开放式连接的结构

（室外）　（室内）

P　P

为平衡压力的
开口部

P　P

参考:《什么是玻璃幕墙》(社团法人）日本玻
璃幕墙工业会　等

将玻璃作为立框处理或从梁上悬
吊玻璃的做法以前就有，也可称
是玻璃幕墙的一种

089 墙

外围护墙体

应对季节和区域的隔热及防潮

 要点
◆冬季低温干燥，夏季高温多湿，防止内部结露需要智慧
◆外墙的外保温、外贴保温至今很少采用的原因

隔热和防潮的探讨

热容量和保温性的程度对温热环境有很大影响（图1），热容量的大小很大程度取决于建筑主体结构的材料（RC、木材、钢等），是在研究外围护构法时应引起注意的地方。

结露是由于水蒸气压力高于该位置既有的饱和水蒸气压力。属于亚洲季风气候区的日本，冬夏季节绝对湿度有很大差异，冬季低温干燥，夏季高温多湿。表面结露一般可以通过提高保温性（降低传热系数）来防止，但作为内部结露对策，要同时兼顾冬季采暖和夏季使用冷气在理论上是困难的（图2）。在寒冷地区，作为冬季的防结露对策，应将重点放在室内设置防潮层上，但在普通地区，夏季制冷要比冬季采暖时室内外的温差小。由此，夏季的内部结露实际上是没有问题的，如果设置防潮层应在室内侧进行。

外保温和外贴保温

在 RC 结构的建筑中，外保温构法期待着防止内部的结露和耐久性、室内气候的稳定性等。这与屋顶是相同的。可是，外墙没有相当于平屋顶的防水找平材料，因此需要那种构件的外保温，与内保温构法相比，往往会造成较大的成本增加。

另外，仿效前述的外保温构法，在木结构中，有在主体结构外围设置保温材料的外贴保温构法。有时也与通气构法并用。与木结构的普通填充保温相比（对构架间设置保温材料），保温材料的连续性、保温性、密封性更容易确保。可是，木材本身具有一定程度的保温性，但没有 RC 那样的热容量，室内气候的稳定性等不像 RC 结构保温那样明显。另外，对装饰面脱落的担忧以及造价问题，实例还很少（图3）。

保温、热容量和室温变化 - 图1

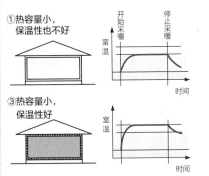

①热容量小，
保温性也不好

开始采暖　停止采暖
室温
时间

②热容量大，
保温性不好

室温
时间

③热容量小，
保温性好

室温
时间

④热容量大，
保温性也好

室温
时间

图对建筑外围护部位的热容量和不同保温性的建筑物中的采暖和室温关系进行了模式化的示意，保温性差，就不能达到规定的室内温度，热容量小室内温度上升快，下降也快

出处：《设计资料集成1环境》
（（社团法人）日本建筑协会编，
丸善）

防止结露 - 图2

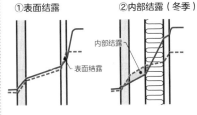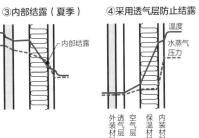

①表面结露

表面结露

②内部结露（冬季）

内部结露

③内部结露（夏季）

内部结露

④采用透气层防止结露

温度
水蒸气压力

外装材料
透气层
空气层
保温材料
内装材料

RC 结构外保温 - 图3

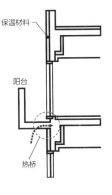

保温材料

阳台

热桥

外保温构法由于对开口部周围防水的担心，以及阳台等难以做到连续的保温层，没有达到像屋顶保温那样普及

木结构外贴保温 - 图4

透气横挡
托架
防潮气密膜
结构用胶合板
岩棉保温材料
外墙材料（防水壁板）
透湿防水布

090 墙

隔墙

对隔声性、耐火性、抗震性的关注

 要点
◆隔声墙有小间隙的话就会失去效果
◆隔声性、耐火性、抗震性（层间位移追随性）的平衡是困难的

分区的隔墙

隔墙大致分为在耐火结构上形成防火分区等分区隔墙、和单纯且简便地将空间分隔的普通隔墙。在长条形房屋和公寓住宅中，将住户与住户隔开的分户墙或共用隔墙是分区隔墙的典型。特别对于分户墙，阻断空气的隔声性是重要的，在法规中规定透过损失为D40。在单一墙体中，有"透过损失与表面密度和频率成对数比例"这个隔声质量定律，有重量的混凝土墙的隔声性较强。

关于隔声性，除此之外，需要注意以下几点：

①如有间隙的话提高透过损失是有限的（图1）。

②有时增加石膏板，可降低透过损失。

③通过减少内外板的共振，能提高透过损失。

分区隔墙除了耐火性和隔声性以外，也需要应对抗震（层间变位追随性）。

一般要求的1/200左右的层间位移追随性，以柔性安装为好，但耐火性和隔声性，特别是隔声性，如前面所述，要求安装不留缝隙。从减轻地震破坏力的意义考虑，轻者为好，但从隔声考虑却是重者为好，三者的平衡是困难的。譬如，在轻钢龙骨的承载龙骨上，粘贴石膏板等各种干式耐火、隔声、轻钢龙骨隔墙的认定构法能满足这些要求（图2）。

分隔空间的隔墙

轻钢制成的承载龙骨粘贴石膏板作为一般的隔墙被广泛采用。作为普通隔墙最轻微的类型是可移动使用的隔墙和可拆装隔墙。大致区分为面板型和竖龙骨型，全都建在顶棚以下（图4）。

如轻质混凝土板和挤压成型水泥板那样的面板，或混凝土砌块等的砌筑墙，作为隔墙被大量使用在电梯大厅和楼梯周围。

墙的间隙和隔声性 - 图1

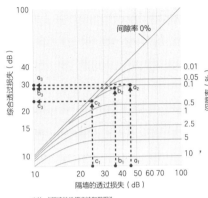

纵轴：综合透过损失（dB）
右纵轴：间隙率（%）
横轴：隔墙的透过损失（dB）

间隙率 0%

间隙率（%）：0.01、0.05、0.1、0.5、1、2.5、5、10

出处：《隔墙的选择方法和数据》

隔声等级（D-40 情况下）- 图2

音压水平差的隔声等级

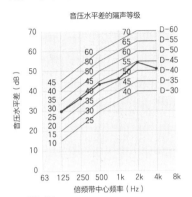

纵轴：音压水平差（dB）
横轴：倍频带中心频率（Hz）

隔声等级：D-60、D-55、D-50、D-45、D-40、D-35、D-30

● D 值的求法

将 63 ～ 4kHz 的各频率上的透过音压水平绘制出来，所有值从超过的接近下位的曲线求得 D-40

干式耐火隔声轻钢龙骨隔墙的例子 - 图3

⑦ = 厚度

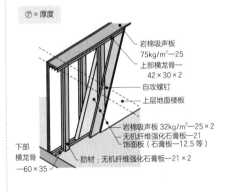

岩棉吸声板 75kg/m² —25
上部横龙骨— 42×30×2
自攻螺钉
上层地面楼板
岩棉吸声板 32kg/m² —25×2
无机纤维强化石膏板—21
饰面板（石膏板—12.5 等）
肋材：无机纤维强化石膏板—21×2
下部横龙骨 —60×35

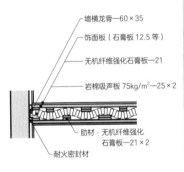

墙横龙骨—60×35
饰面板（石膏板 12.5 等）
无机纤维强化石膏板—21
岩棉吸声板 75kg/m² —25×2
肋材：无机纤维强化石膏板—21×2
耐火密封材

可拆装隔墙 - 图4

①板式

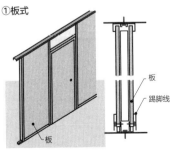

板
踢脚线
板

②竖龙骨型

板
竖龙骨
板框
调节装置

5

垂直部位的构法

091 开口部

种类和构成

伴随开放和封闭的性能

 要点
◆门窗扇固定在墙上的框架是附框，可动的框架是边框
◆联窗附有竖框，叠窗附有横档

开口部各部位的名称

屋顶、墙等主要是起隔断作用，但容许特定物体进出、通过的是开口部。有如普通门那样可以开闭的开口部，也有像镶固定窗（FIX）那样不能开闭的开口部，后者有时也按照墙来划分。

能开闭的可动部分是推拉门（障子窗）和平开门（户门），保持该固定部分的统称为附框。可动部分在推拉门、户门的边部，相当于框架的部分总称为边框。推拉门的中央部分，连接槅扇和槅扇部分的框被称为碰头边梃（图3）。

在木结构中，以前附框架都是由专业木匠制作，只是把门窗工匠制作的可动部分称为门窗扇，除此以外的大部分包括附框都统称为门窗扇。

当推拉门的附框是木结构明柱墙时，将柱上下设置的上档和门槛，以及柱子直接作为附框进行使用的隐柱墙时，在左、右的柱子上安装竖框（图1）。

平开门的附框上方的称上框，下方的称门槛，窗附框上方的称上框、下方的称下框。左右都是竖框。这种附框材料的名称无论是建筑主体结构和开关方式的种类，都是通用的（图2）。

构成窗户的部件

左右连接的窗称为连窗，上下叠加的窗称为叠窗。还有，连窗与连窗之间的部件是竖框，位于叠窗的构件是横档（图4）。都是将窗承受的风压等荷载传达到外围的墙体，使用的构件根据窗的大小具有相应的强度和刚性。这种名称是与 CW 通用的。

开口部在开放和封闭时，所期待的性能有很大的不同。开放时要求的开放性应符合开口部的目的，但封闭时期应尽可能与外围的墙具有同等程度的隔断性。为了应对封闭时或开放时的各种条件，应追加使用木板套窗和窗帘、百叶窗等（照片1、照片2）。

推拉门各部的名称 - 图1

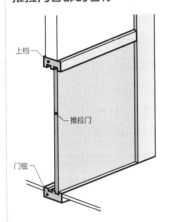

上档

推拉门

门槛

单扇平开门各部的名称 - 图2

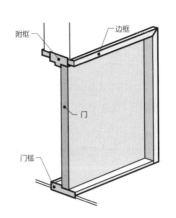

附框

边框

门

门槛

推拉窗的名称 - 图3

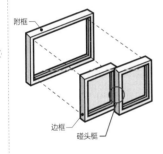

附框

边框

碰头梃

连窗、叠窗 - 图4

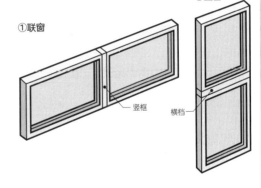

①联窗

②叠窗

竖框

横档

内置式百叶窗 - 照片1

外置式百叶窗 - 照片2

为遮光将百叶窗内置
也是可以的，但为隔
热外置是比较理想
的。如果外置，对刚
性有要求。东面、西
面等太阳光度低的一
侧，采用竖型百叶窗
是有效的。

照片：oilesECO 股份有限公司

092 开口部

开闭方式

符合用途特性的考虑

 要点
◆ 开闭方式决定了某种性能
◆ 酒店的大门向内开，住宅的户门向外开的理由

开闭方式的种类

开口部的开闭方式中有推拉、单向开、旋转、折叠、上卷、滑动等（图）。全都像推拉、上下滑动或推开与放倒那样，有水平、垂直、双方向的变化。还有，如旋转门那样仅有一个主要大门的方式，也有如百叶窗那样特有的方式。

各开闭方式的特点

在日本外围开口部大多为推拉式的开口部，从榀扇的安装与拆卸以及开闭操作的机理来看，要确保高度的密封性是困难的，但开闭轨道在开口部内有很大的优点。在推拉式中不需要使用平开门的铰链和旋转系统的轴承等特殊的金属类部件是优点之一。

欧美较多采用的平开式开口部与推拉式相比，在关闭时，能确保较高的气密性，开闭轨道在开口部之外。因此，

如在轨道上放置东西就容易发生避难口不能打开等事故。一般有后门，但推和拉都可以自由打开的门，难以获得较高的阻断性。

在外周开口部中，泛水向外开为好。向外倒只是为排烟而设置的。门的开启原则应朝向疏散方向，但考虑到道路宽度及铰链安装位置等有关的防盗性，欧美的户门以及酒店的门是向内开的。日本的户门多向外开，是考虑了泛水和脱鞋空间的结果。

旋转方式与平开门方式相接近，但有纱窗和百叶窗类（设置在双层玻璃之间的产品有可能）难以设置的问题。旋转门是一侧开放时，另一侧被关闭的机制，是以维护室内环境之目的而设置的。百叶窗重点是换气、通风，所以不能期待高气密性。

开闭方式与来自内部的清扫性也有较大关系。在选择时需要充分考虑这些条件。

开口部的开闭方式 - 图

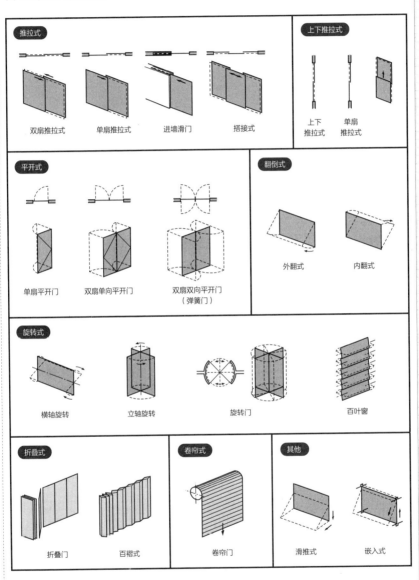

推拉式
双扇推拉式　单扇推拉式　进墙滑门　搭接式

上下推拉式
上下推拉式　单扇推拉式

平开式
单扇平开门　双扇单向平开门　双扇双向平开门（弹簧门）

翻倒式
外翻式　内翻式

旋转式
横轴旋转　立轴旋转　旋转门　百叶窗

折叠式
折叠门　百褶式

卷帘式
卷帘门

其他
滑推式　嵌入式

折叠式、卷帘式的性质和推拉式接近。由于难以做到高气密性，只用于简单的视线遮挡和隔断

滑推式是平开式和推拉式的组合，构造比较复杂，基本具备了两者的长处。滑推式的开闭轨道小，近几年，用于老年人使用的卫生间的门等（参照211页图1）

093 开口部

外围窗框

制作方法和性能

◆铝合金窗可以做出不可思议的截面，但保温性差
◆隔声性、气密性由窗框决定，而保温性由玻璃的性能决定

各种材料的特征

很多外围开口部，由玻璃等饰面材料和根据开关方式由附框、边框组成的窗框，以及安装在室外一侧的纱窗、木板套窗、卷帘门类，以及安装在室内的纸槅扇、窗帘、百叶窗类构成。基本性能大部分由窗扇承担。把窗的附框和边框进行组合就称为窗扇。窗框采用木、金属（铝合金、钢）、合成树脂等材料，考虑材质和加工性的窗框也在生产。

木制窗框保温性高（热导率很小），在欧美与合成树脂一样被广泛使用。近几年，在日本使用量也正在不断增加，但刚性低，截面往往容易变大，复杂的截面加工困难，耐火耐热差，耐候性令人担忧，价格高等问题较多。

铝合金窗框是通过挤压成型，可以加工复杂的截面，有出色的气密性和水密性，以住宅为中心得到了大量的使用（图1）。对于低保温性，为防止冷桥（热

桥，同 heat bridge，参照 62 页），也有采用塑料的断桥形窗框，以及销售木质及合成树脂的复合型产品。

钢窗与轻质型钢同样，大多是冲压成型产品，由于截面复杂，加工较困难，还有锈蚀问题等，正在锐减（图2）。钢的刚性高，利用其小截面在大开口部的优点，一部分采用冷轧成型的钢窗也得到使用（图3）。

抗风压性能和隔声性能

抗风压性能的等级采用抗风压（kgf/m^2）进行等级化表示。平开式和旋转式边框在强风来袭时，一旦关闭，与周边的竖框形成一体，没有刚性上的问题，但推拉的碰头边框需要单独承载。在截面测算中，挠度一般控制在 1/100 左右。

隔声性能采用 JISA4706 隔声等级 T1 ~ T4 表示。表1所示是窗户的开闭方式和渗透损失的趋势。

铝合金窗（挤压成型）–图1

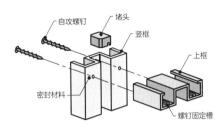

- 自攻螺钉
- 堵头
- 竖框
- 上框
- 密封材料
- 螺钉固定槽

挤压成型：壁厚、截面、形态等是随意的

螺钉固定槽

钢窗（冲压成型）–图2

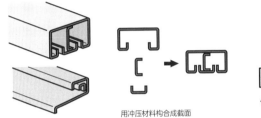

用冲压材料构合成截面

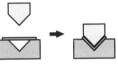

使用平板进行
冲压加工　　挤弯

钢窗（冷弯成型）–图3

滚轴

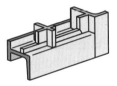

由于是冷弯成型可以做到直角

窗的开闭方式和传透损失 – 表1

开闭方式	渗透损失
双向推拉式	18
立轴旋转式	22
气密性单扇推拉式	26
固定窗	30

T4、T3等级的高规格仅限固定窗才能实现，此时玻璃的隔声等级基本表示开口部的隔声性

窗的开闭方式和透气量 – 表2

透气量 * [m³/（m²·h）]	榍扇、附框的接触方法和气密材料的使用方法	窗的开闭方式
1.0 以下	应将榍扇紧贴附框，具有使接触部使用的气密材料完全发挥作用的结构	平开窗
4.0 以下	应是榍扇紧贴窗框的构造和采用气密材料	平开窗 单扇推拉窗
15.0 以下	附框的接触部和榍扇之间使用具有气密性的材料	单扇推拉窗 双向推拉窗 上下推拉窗
60.0 以下	不使用气密性材料	

气密性可由相对于可动部的压力差△p（13510kgf/m²）的单位墙体面积和每个单位时间的透气量 [m³/（m²·h）]决定，透气量受控于窗的开闭方式。以上表示窗的开闭方式和透气量的关系。近年来，气密性根据相对压力差的透气量比的等级记载。（JIS A 1516）
・压力差在10kgf/m²时

094 开口部

防火性和保温性

对节能的相应措施

 要点
◆开口部位的防火和保温难以兼顾
◆节能的应对措施催生了新型开口部的部品

防火和保温

在日本市区很多的外墙需要使用阻燃材料，但在更为密集的城区（准防火地区）位于有"延烧可能的部分"（图 1）的开口部需要采用称为防火设备（以前的乙级防火门）的构件，采用所规定的放有夹丝玻璃的金属门窗等。

随着对节能关心的高涨，开口部的保温性差成了问题，近几年，即使在寒冷地区以外，采用保温性能优异的多层玻璃的情况也在不断增加。当玻璃的保温性能得到改善后，窗框的保温性能就成为问题。总之，金属框格的保温性是差的。保温窗框虽不能说十分完美，但从兼顾阻燃、防火上的考虑也会使用。在欧美，木质或合成树脂制的产品用得很多。

如窗的保温性能低，冬季就会产生结露。特别是使用带有加湿的暖气时会成为问题。结露虽可以通过设置的排水孔进行处理，但又会造成堵塞等，固定（FIX）窗有时会发生溢水。

附属物的效果

外置的气窗、百叶窗、竹帘，内置的窗帘、百叶窗帘、纸槅扇等，在高纬度的欧美，从防止夏季眩光的视觉环境的观点看是重要的，但在低纬度的日本，夏季需要通过日照调整进行遮阳，冬季需要进行保温的补充性要素（表）两个观点都很重要。如拉上窗帘，常会形成玻璃棉的结露，也有通过窗帘的辐射，感受到温暖的效果。

同样，通过提高玻璃表面温度，体感温度变高，在双层玻璃窗之间，通过空调排气等提供暖气的办法气体循环（Air Flow）。这对周边区域的环境改善和空调负荷的减轻是有效的（图 2）。近几年，也有进一步扩大窗与窗之间的间距作为室内外中间领域的规划案例。

有延烧可能的部分 -图1

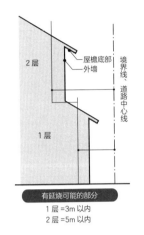

2层

——屋檐底部
——外墙

境界线、
道路中
心线

1层

有延烧可能的部分

1层 = 3m 以内
2层 = 5m 以内

双层玻璃内气体循环（air Flow）-图2

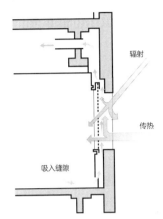

辐射

传热

吸入缝隙

根据玻璃和遮蔽物的规格获取日辐射 - 表

玻璃规格	构成（数值为厚度）	可视光		辐射			总传热系数 W/(m²·K)	玻璃面辐射获取系数				
		反射率	透过率	反射率	透过率	吸收率		无	针织窗帘	内置百叶帘	纸橱扇	外置百叶帘
普通单层玻璃	3	8.2	90.3	7.7	85.6	6.7	6.0	0.88	0.56	0.46	0.38	0.19
热线反射玻璃三种	6	22.3	21.5	19.8	17.3	62.9	5.0	0.35	0.31	0.28	0.26	0.10
隔热复合玻璃B	L3+A6+3	13.4	69.9	35.7	36.0	28.3	2.5	0.42	0.32	0.29	0.26	0.11
普通复合玻璃	3+A12+3	14.9	82.1	13.4	73.7	12.9	2.9	0.79	0.53	0.45	0.38	0.17
低辐射复合玻璃	3+A12+L3	14.8	72.0	28.1	50.4	21.5	1.8	0.62	0.48	0.43	0.39	0.15
普通三层复合玻璃	3+A12+3+A12+3	20.5	75.0	17.6	63.8	18.6	1.9	0.71	0.50	0.44	0.38	0.16

A：空气量　L：低辐射玻璃

参考：《住宅新一代节能标准和指南》（（财团法人）建筑环境、节能结构）等

东京不同季节晴天日辐射量 -图3

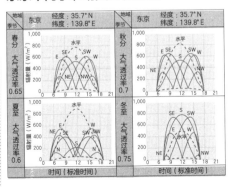

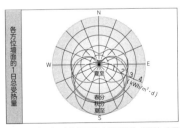

夏季水平面大，南面也比东西面少（冬季相反），春秋时，东西面和南面几乎没有差别，但在考虑外围开口部时，应引起注意

出处：《设计资料集成1环境》（（社团法人）日本建筑学会编，丸善）

205

095 开口部

附框与墙的关系

附框的安装方法

 要点
◆开口部附框的安装，RC结构采用焊接，木结构采用钉子和螺栓
◆在窗扇附框的意象上，保守型成为主流是有理由的

附框的安装

在 RC 结构中，一般的窗户采用后安装施工方法，在离附框空开 2 ~ 3cm 的间隙处浇筑混凝土。将附框的固定件焊接、固定在钢筋上，然后在间隙内用砂浆等填充。

也有先安装窗套的施工方法，即在混凝土浇筑前，固定好附框，然后通过混凝土的浇筑，形成一体化。先安装附框的施工方法与瓷砖的情况相同，要确保连接，从防水角度看也是十分理想的，但不合适问题的修改比较困难，案例很少。

铝合金窗框的固定是采取固定用的螺栓进行焊接。届时，需要防止由于电离作用的差异引起电蚀，窗框与锚件应采用胶带或涂料进行绝缘（图 1）。

木结构窗的安装采用螺栓和钉子。在正确的安装位置上固定后，用螺栓和钉子将窗框固定在周围的过梁、窗台和柱子上（图 2）。

外墙开口部周围，为了做泛水，需要有适当的方法。附框与墙等的连接部位采用防水密封材料进行填充，如为 RC 结构采用泛板；如为木结构采用防水胶带，事前固定在周围墙体等的案例在增多。另外，为避免流淌的雨水顺着墙面侵入上框背面、流经开口部的雨水不流到墙面，应在上框的上部和下框的底部分别设置滴水。

附框的结构

如上部的梁或墙变形弯曲的话，其下部的框格就会出现"翘曲"。"翘曲"的大小 χ 和梁的弯曲 δ，大体的关系如图 3 所示。

近几年，建筑设计的主流是让附框淡出视线，在与柱子的连接部位浇筑加固混凝土，使附框看起来变得小巧，另外，想办法利用张弦梁的构思，使抱框和横撑的外观变得苗条（参照 18 页）。

为了省略横档，或使其达到最小限度，不使用通铰链，而使用枢轴铰链等环形五金件，可以说这也是出于相同的意图（图 4）。

铝合金门窗的安装（RC 结构）- 图1

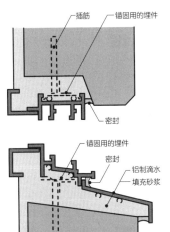

- 插筋
- 锚固用的埋件
- 密封

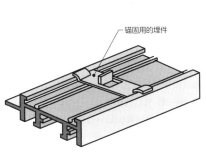

- 锚固用的埋件

- 锚固用的埋件
- 密封
- 铝制滴水
- 填充砂浆

滴水 - 图2

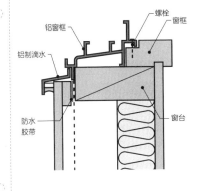

- 螺栓
- 铝窗框
- 窗框
- 铝制滴水
- 防水胶带
- 窗台

梁的弯曲造成窗的翘曲 - 图3

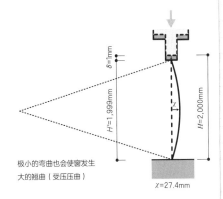

$\delta=1mm$

$H'=1,999mm$

$H=2,000mm$

χ

极小的弯曲也会使窗发生
大的翘曲（受压压曲）

$\chi=27.4mm$

铰链和吊环五金件 - 图4

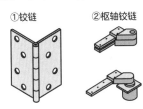

①铰链　②枢轴铰链

翘曲与弯曲的关系

$$3H\delta = 8\chi^2$$

- H：窗的高度
- δ：梁的弯曲
- χ：窗的翘曲

参考：《建筑外装的结构设计法》（伊东次郎；理工图书）等

096 开口部

窗框和附框

气密性和水密性的要点

 要点
◆水密性是附框与窗框的问题，泛水需要采取综合性治理方法
◆特定防火设备、防火设备是指甲级防火门、乙级防火门

对框和套的详细办法

在窗框和附框的连接部位，重要的是泛水和水密性。雨水除了重力以外，还会因为内外的压力差、空气的流动、运动能、毛细管现象等而流动。

如以外开式窗的附框和边框的水平节点为例，考虑重力，应在内外设置高差，考虑运动能，设"泻水坡度"，作为内外压力差对策，向上折叠设置"泛水"，为防止毛细管现象，采用泛水措施等多种办法。也需要设法处理下框的结露（图1）。

固定窗（FIX）与有开关装置的开口部相比，封闭时的隔绝性优异，但层间位移追随性差。另外，有开关装置的产品，将窗框和可动部分进行一体化制造的门窗扇在封闭时的隔绝性能大多很出色（关于影响保温性和隔声性的密封性等），开闭操作性也不错。相比固定

窗层间位移追随性这一点其有效性是不言而喻的。

推拉窗与平开窗的种类

铝合金推拉窗主要使用下滑轮，钢窗由于重量重，有时采用上吊滑轮（图2）。另外，平开式和旋转式在开放时，槅扇的位置不稳定，需要用风钩等五金件将框木固定在套上。

平开门有各种各样的类型。集合住宅的户门多为钢制的防火门。有的采用1.5mm以上，或两面0.5mm以上的钢板（称特定防火设备），以及0.8mm以上的钢板（称防火设备）等，根据需要选用（图3）。也有内部用耐火材料，表面为木质的防火门。在铝合金门窗中，有在外框内置入称作镜面板面材或玻璃框的外框式门，也有采用蜂窝状结构作为内芯材料的平面门等，这种门除户门外，被广泛利用（图4）。

外开窗泛水机制 - 图1

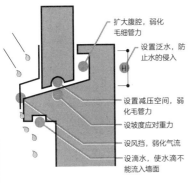

扩大腹腔,弱化
毛细管力

设置泛水,防
止水的侵入

H

设置减压空间,弱
化毛管力

设坡度应对重力

设风挡,弱化气流

设滴水,使水滴不
能流入墙面

为减少造成漏水原因的缝隙,利用毛细管现象引水,同时
需要相应的对策

金属门窗 - 图2

①铝合金窗
(挤压成型)

②钢窗
(冷弯、冲压)

上吊滑轮

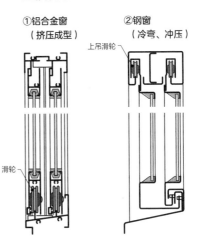

滑轮

钢门 - 图3

①钢板门(公团
(KJ)住宅门)

②角钢门

从防火门的必要性出发,钢门主要使用在公寓住宅

铝合金门 - 图4

①铝合金蜂窝状
内芯门

②铝框门

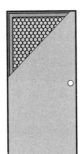

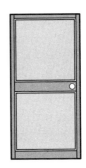

富有装饰性的铝合金门主要用于独立住宅

097 开口部

玻璃的使用方法

保持所必要的空余量

要点
◆ "隔声使用复合玻璃""防盗使用夹丝玻璃、强化玻璃"都属于误用
◆ 层间位移追随性取决于玻璃和窗框的缝隙

容易误用的玻璃

如表所示，玻璃有各种各样的种类，性能也各有不同。譬如即使是两块一样的玻璃，保温性以复合玻璃为优，隔声性以表里非一体的双层窗为优，强度以强化玻璃为高，不过为了防范和安全，使用两块玻璃之间压入塑料膜，不易破碎的夹层玻璃为好，夹丝玻璃受到火高温时不会脱落，但强度不够理想等，对这些玻璃的使用方法持有错误认识的不少。

玻璃普遍脆弱，细微的损伤就可以造成整体破损。夹丝玻璃由于切断口铁网部反复锈蚀、龟裂而损坏。另外，也有由于玻璃的表面温度差发生裂缝而破损的。

玻璃的保护

作为玻璃的固定方法，以前曾有对钢窗使用一种油灰将玻璃和窗框之间紧密连接的方法，由于层间位移追随性差，目前几乎见不到了。

用压边条固定的方法是基本的做法，无论木质窗框还是铝合金窗框都可以采用。但铝合金窗框除一般采用分级密封垫（先安装槽钢，后安装压边条）外，也并用压边条和密封材料（图1）。

无论什么情况应对建筑物的变形窗框需要一定程度的空余量（Clearance，间隙，简称 C）。作为变形追随性的目标，可以使用 J.G.Bouwkamp 公式（图2）。

在全面使用玻璃的设计中，为避免因玻璃自重引起的变形，以往采用上部吊挂方法（参照193页图3）。可是，近几年采用了对强化玻璃进行点支撑的 DPG（Dot Point Glazing）构法，以及用特殊的密封材料固定玻璃的 SSG（Structural Sealant Glazing）构法（图3）。

玻璃的种类 – 表

制造方法		玻璃的种类	JIS R	主要功能
基础产品		平板玻璃、磨砂平板玻璃	3202	透光、透视
		吸热平板玻璃	3208	节能
		压花玻璃	3203	透光、透视
		金属丝网玻璃、夹丝玻璃	3204	防火
2次加工产品	热处理	双倍强度玻璃	3222	抗风压、抗冲击
		钢化玻璃	3206	抗风压、抗冲击
	夹层	夹层玻璃	3205	安全、防范
	涂层	热辐射玻璃	3221	节能
3次加工产品	复合	复合玻璃	3209	节能
		磨砂玻璃	—	透光、透视

玻璃的固定方法 – 图1

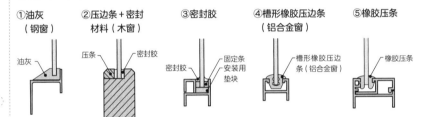

① 油灰（钢窗）　油灰

② 压边条+密封材料（木窗）　压条　密封胶

③ 密封胶　密封胶　固定条　安装用垫块

④ 槽形橡胶压边条（铝合金窗）　槽形橡胶压边条（铝合金窗）

⑤ 橡胶压条　橡胶压条

窗框与玻璃的空余量 – 图2

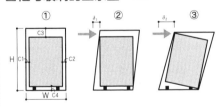

变形追随性的计算公式

$\delta_1 = C1 + C2$

$\delta_2 = C1 + C2 + H / W (C3 + C4)$

C1、C2：左右的空余量

C3、C4：上下的空余量

H：窗框的高度

W：窗框的宽度

δ_1、δ_2：窗框的变形量

无框玻璃的固定 – 图3

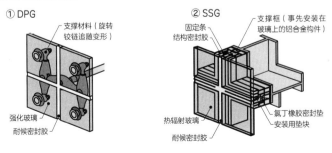

① DPG　支撑材料（旋转铰链追随变形）　强化玻璃　耐候密封胶

② SSG　固定条　结构密封胶　支撑框（事先安装在玻璃上的铝合金构件）　热辐射玻璃　耐候密封胶　氯丁橡胶密封垫　安装用垫块

098 开口部

附框与墙的关系

推拉式还是平开式

 要点
◆推拉门、平开门的选择因时代、需求不同而变化
◆净尺寸的一个依据是轴线之间能使用6尺的定型建筑构材

根据用途采用门扇

大部分的室内开口部不是推拉式就是平开式。过去推拉式居多，由于日式房间的减少，开启时需要两倍的宽度，且损失平面设计的自由度等，近几年采用平开门的多了。

另外，从无障碍设施的观点出发，推拉门，或平开门与推拉门组合的外旋式，因不损失平面设计的自由度而得到采用（图1）。

平开门开启方便，选择在住宅等狭窄空间中很重要，从走廊进入房间的门很多情况下是内开式的，但对厕所等场所，出于应对紧急情况的考虑也可采用外开式。对于浴室等场所，因关系到洗澡水处理而采用内开式。

如为木结构明柱墙，成为开口部附框的门槛、上框直接安装在柱子上，没有特别的构件。如为间柱、横撑构成的隐柱墙，为安装开口部附框需要框架。加工的附框依据外围开口部的方法，上

方设置过梁，下方设置窗台，左右设置柱子或间柱，并留出调整误差的间隙，作为收头材料使用装饰线条。由于使用宽幅材料的附框与装饰线条形成一体化需要面临使用大的材料，附框的固定方法困难，调整墙体厚度的麻烦等问题，一般大多采用其他材料（图2）。

另外，要将木制附框安装在RC墙和LGS墙上，需要通过预先固定的锚固板，用螺栓等固定（图3）。

传统的净尺寸

从门槛上端到上框下端称为"净尺寸"，该间距的尺寸称为净高。将5尺8寸=176cm等尺贯法的尺寸换算为国际公制的尺寸（从轴线到轴线6尺=182cm）是普通的做法，作为标准产品的拉窗、槅扇有大量的销售。净尺寸不仅在门槛和上框间使用，作为表示附框与附框之间、构件的（轴线与轴线）实际间距的名称也广泛使用。

无障碍的外旋式门案例 – 图1

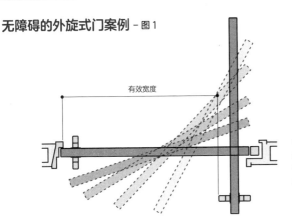

有效宽度

平开门如开启一侧不方便，就选用推拉门为好。但因推拉门需要推拉的空间，会影响平面布置

可调节门的附框 – 图2

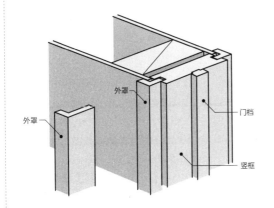

外罩

外罩

门档

竖框

墙的厚度因饰面各有不同，将附框分割，利用外罩的大小，应对壁厚的变化

木制附框的安装示例 – 图3

① RC 墙

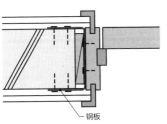

钢板

② 轻钢龙骨（LGS）墙（木间柱墙）

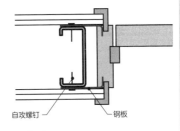

自攻螺钉

钢板

两种案例都是将安装在木制附框上的钢板用螺栓固定在 RC 墙、轻钢龙骨 LGS 的竖龙骨上

099 开口部

门窗与附框

木制门窗的规格尺寸

 要点
◆一般的平开门不会开满净尺寸
◆推拉门为21mm，平开门为30mm，是木制门的标准尺寸

附框的有无

木制的推拉门扇很多与附框是不同的流通渠道，附框和门框的连接部位会出现问题。另外，平开门与金属的相同，大多作为整体的部品进行流通。在这里现场施工的墙和作为工厂生产的门框的连接部位成为问题，与外围墙相同，需要调整误差等。

当使用具有某种特殊性能的门窗时，需要注意附框和门框的关系。譬如关于隔声门，综合的隔声性能与墙相同，取决于间隙的大小（参照197页）。从确保气密性的观点出发，作为带附框的门窗要减少间隙，需要使用氯丁橡胶等密封材料，对工厂生产等进行关注（图1）。

平开门，相比门扇的宽度其开口宽度变得狭窄。原因是有门桄和铰链，如有与开口部接近直角的墙面时，由于与门把手等的关系开口宽度会变得狭窄。在住宅中这样的情况很多，家具和部品搬入时很不方便（图2）。

推拉门、平开门的尺寸

当门窗附框和可动部分一体化制造时，如制造厂家不同的话其可动部分相互之间没有互换性，但分别制造的话就有互换性。槅扇、纸拉窗（图3）等很多推拉门实现了标准化的尺寸，门框宽度为21mm左右（图4）。

推拉门扇的特征是不需要铰链等门窗五金件，要使其开关更加容易，应采用下滑轮或上吊滑轮等方式。

除平开门是使用日本的产品以外，还使用各种各样的产品，但近几年在两侧贴胶合板的平面门扇较多。饰面装修除采用饰面胶合板外，还有张贴墙布等多种多样的做法，其厚度大多为30mm左右。

门窗头线条、门窗附框、边框等纵横的连接部位一般采用45°斜角缝，也有碰头接的，在门窗等场合采用竖梃压头（参照232页）做法。

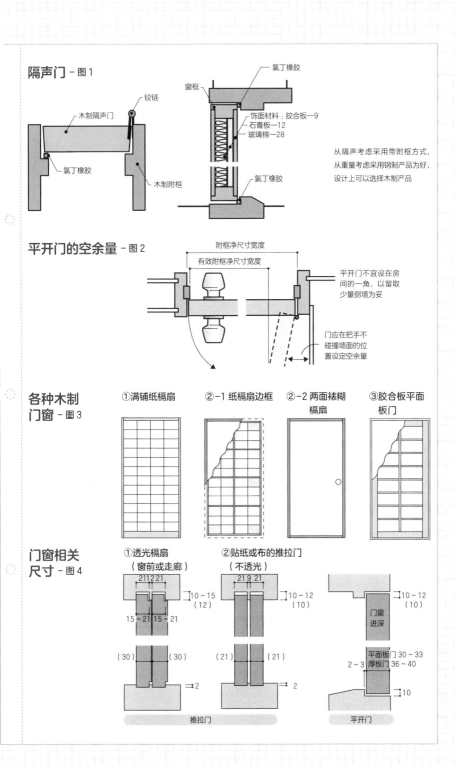

隔声门 - 图1

铰链

木制隔声门

氯丁橡胶

木制附框

窗框

氯丁橡胶

饰面材料：胶合板—9
石膏板—12
玻璃棉—28

氯丁橡胶

从隔声考虑采用带附框方式，
从重量考虑采用钢制产品为好，
设计上可以选择木制产品

平开门的空余量 - 图2

附框净尺寸宽度

有效附框净尺寸宽度

平开门不宜设在房
间的一角，以留取
少量侧墙为妥

门应在把手不
碰撞墙面的位
置设定空余量

各种木制门窗 - 图3

①满铺纸槅扇

②-1 纸槅扇边框

②-2 两面裱糊槅扇

③胶合板平面板门

门窗相关尺寸 - 图4

①透光槅扇
（窗前或走廊）

②贴纸或布的推拉门
（不透光）

21 12 21

10～15
（12）

15～21 15～21

（30）　（30）

↦2

推拉门

21 9 21

10～12
（10）

（21）　（21）

↦2

10～12
（10）

门窗进深

平面板门 30～33
厚板门 36～40

2～3

↥10

平开门

100 开口部

门窗五金配件

承担开启及关闭的五金配件

 要点
◆铰链是吊挂在侧面，枢轴吊是吊挂在上下端
◆弹珠锁的特征是钥匙的差异多样性，可以制作万能钥匙

平开门的吊挂方法

门窗五金件有与铰链等有关的开闭零件，有与闭门器有关的开闭控制的零件，有与锁、钥匙有关的锁门的零件，有与门执手有关的操作零件等。

平开门的吊挂方法有采用铰链方法和采用中支枢轴的方法（参照207页图4）。铰链由固定在门侧面平板部位和旋转心的销以及连接二者的钩爪构成。内开门的销在室内一侧，这在防范上被认为是有利的。安装在门上下端的中支枢轴，在构造上可以承受比铰链重的东西，落地门铰链是将闭门装置收纳于地板内的部件。

闭门器是调整闭门速度的构件，对防止执手侧的事故是有效的。注意吊挂部位避免夹人的产品也正在普及（图1）。另外，从操作性和安全性的角度出发，门执手正大量采用杆式执手（图2）。

锁的种类

锁（lock）安装在门上，与附框的闩眼配套进行关闭，通过钥匙（key）和保险钮进行上锁和解锁。锁在门上的安装方法，分为外装锁和内嵌式锁，内嵌式锁的外观好，从与梃的连接考虑，有可能会降低门的强度（图3）。利用单闩插销的锁称为单闩锁，仅弹簧闩的锁称为执手门锁。单闩插销和弹簧闩的弹簧锁以及采用具有两种功能门闩的圆筒锁得到广泛使用（图4）。

由于推拉门的锁在构造上仅限于如镰刀形锁的类型（图5），户门一般以平开门为主，大多采用牢固的锁。钥匙需要很多"不同的钥匙"，现在，机械式的产品中许多是圆筒销子锁（图6）。直角插入圆柱体的销子上加入断开处，当断开处的位置与圆柱体一致时通过旋转即可开锁。如果设置多个断开处就能制作万能钥匙。

考虑避免夹手的门扇的案例－图1

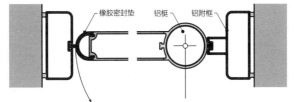

橡胶密封垫　铝框　铝附框

在吊挂部位和执手侧考虑到了防止夹手等事故

锁档尺寸－图2

①圆球执手

退让尺寸≥ 75

≥ 38

不退让75mm 有擦伤手危险的可能

②杆式执手

退让尺寸

老年人适用杆式执手是因为操作容易，即使退让尺寸（门侧面到圆球执手中心的尺寸）小，因为附框擦伤事故的可能性也很小

外装锁和内嵌式锁－图3

①外装锁

②内嵌式锁

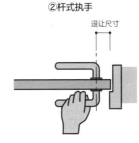

主锁舌　　保险钮

锁舌槽

斜锁舌

杆式执手

球形锁－图4

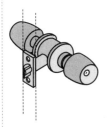

推拉门锁－图5

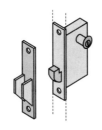

圆筒销子锁－图6

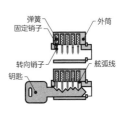

弹簧　　　外筒
固定销子

转向销子　　舷弧线

钥匙

专题 5
伸缩缝

伸缩缝的案例 - 图1

①屋顶——屋顶

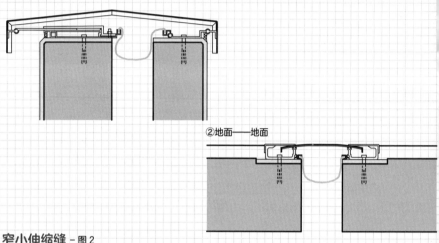

②地面——地面

窄小伸缩缝 - 图2

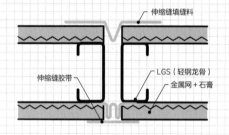

伸缩缝填缝料

伸缩缝胶带
LGS（轻钢龙骨）
金属网+石膏

图是以极小变形为前提的接缝例子。在欧美对这种接缝称为伸缩缝，在日本把这种伸缩缝称为分隔缝，好像是为了与其进行区别。

透气接缝材料

参考："Architectural Detailing"（Edward Allen·John Wiley & Sons, Inc.）等

需要设置伸缩缝的建筑物

建筑物有以下①~⑦情况时，从结构上进行切断，在连接部位设置伸缩缝（图1）是一般的做法。其理由是因为在地震、台风时变形程度大，因温度的伸缩程度大，预测会产生很大的不同沉降等。

①建筑体量大
②建筑物形状复杂（t形式、+形式等）
③建筑主体结构由多个种类组成（钢结构和RC、框架结构和承重墙结构等）
④建筑物通过连廊连接
⑤建筑物有增建部分
⑥建筑物的重量偏大
⑦建筑物跨越不同的地基

但是，在近几年的地震灾害中，无论国内外，伸缩缝的损伤显著，也有受损面加大的案例。在采用时需要更周密的讨论。

构法、工法的生成

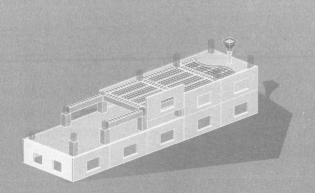

101

构法与设备

内置和更新性

◆应对设备内置和更新将产生新的构法和部品
◆被称为附带工程的设备工程目前已经占据总工程费的主要部分

设备的设置

在建筑物中，为实现方便舒适的空间，附带设置给水排水、热水供应、冷暖气、通风、电、煤气、信息等设备。设备工程在开始时只是作为附属于建筑工程以外的工程，但近几年开始占据总工程费的大部分。设备分为机器和配管、配线。配管、配线的适当设置是构法的主题之一，最近机器也被组合到建筑物中，即与整体同化的工程（内置，Built in）有所增加（图1）。

相比建筑物的主体结构，无论机器、配管、配线等设备的耐久性都要低。另外，由于日新月异的发展，加速了陈旧化，对建筑主体结构等的连接部位，需要考虑修复和更换。

近几年，从致病住宅问题出发，安装通风设备已经成为规定动作。作为机器和构法的衔接，从外墙设置到泛水与隔热性等外周墙体保温性的关系需要留意。

另外，浴室、卫生间等设备机器集中设置的场所，由于各工种的交叉，施工很麻烦，可以说往往成为整体部品成立的空间（图2）。

应对更新的做法

相反，像电气、信息设备和冷暖气设备那样，分散配置在整栋建筑物的机器，与机器的管线和建筑的连接会成为问题。在地板上配管、配线的方式和集合住宅的套管分水方式（照片为每台机器分别设置1根套管，考虑将来能方便地进行增减、检修的方法）等可以说是对上述问题的解答。

电梯、自动扶梯等的升降设备，由于有可动部分，需要考虑定期保养、维修，这些往往被认为包含在设备工程中，但习惯上却包括在建筑工程中。容量和速度等日新月异，设置的数量、必要面积很大地影响着建筑规划。

顶棚和地板进行内置配线的"配线井道"案例 – 图1

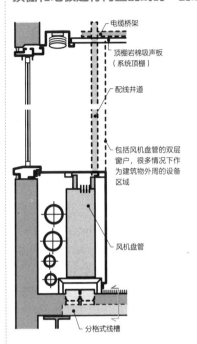

- 电缆桥架
- 顶棚岩棉吸声板（系统顶棚）
- 配线井道
- 包括风机盘管的双层窗户，很多情况下作为建筑物外周的设备区域
- 风机盘管
- 分格式线槽

分格式线槽 A–A 剖面详细图

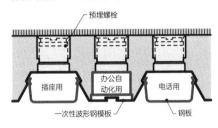

- 预埋螺栓
- 插座用
- 办公自动化用
- 电话用
- 一次性波形钢模板
- 钢板

参考《智能建筑的计划和细部》（彰国社）等

机器设备的一体化 – 图2

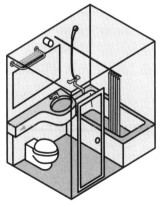

在既有的浴室工程中，仅设备就有给水排水、电、空调工程。涉及木工、瓦工、空调和建筑工程的多个工种，通过组合化可以实现省力化

套管分水方式 – 照片

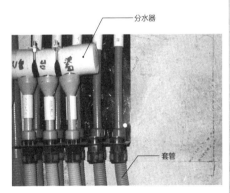

- 分水器
- 套管

套管犹如刀和鞘的关系，其中的配管可以新铺或更换旧管。在分水器总闸处，每个机器分别设置管道

102

构法与法规

法规决定的规格

 ◆关于防耐火，由法规决定规格的案例很多
◆结构分为耐火、准耐火、防火，材料分为阻燃、准阻燃、耐燃等级别

性能的法规化

近几年，有一种倾向法规由性能制约，而规格是自由的（称为性能法规化），但还保留有很多的规格规定，希望举例说明的呼声很强烈。规格的限制大多是有关防火、耐火方面。

从邻地的边界起，1层3m以内、2层5m以内的部分称为有"延烧可能的部分"（参照205页），该范围内的外墙，在城市化的地域（所谓法22条地域，屋顶不燃地区）中，需要有准防火性能（表）（承受20min的加热）。从与邻地边界的距离考虑，改变外墙的装修是罕见的，其结果制约了整个外墙。以前，常常用砂浆饰面，是具有（承受30min加热）防火性能的代表案例，规格与该规范有很大关系。

性能级别

根据区域和建筑物用途、规模的不同，要求耐火建筑，或准耐火建筑，除了各主体结构为耐火结构或准耐火结构以外，要求各部位结构（构法）和材料（表）具有所规定的性能。

有关火灾的性能等级，在结构（构法）中，有耐火结构、准耐火结构、防火结构；在材料中，有阻燃材料、准阻燃材料、难燃材料等。前者还包括防火设备（以前的防火门）等。另外，有关耐火结构，分为耐火1h、耐火2h，并标示等级，但这个与避难时间相对应。

图1是有关材料的阻燃性、结构的防火、耐火性等试验法的加热曲线，是JIS规定的内容。

除材料和结构（构法）以外，也有与设计相关的规定（图2）。

作为表示与举例说明规格同等性能的方法，尽管制定了耐火性能验证法、防火区划验证法、楼层避难安全验证法、全楼避难安全验证法等，但迄今案例很少。

耐火、准耐火、防火结构和防火设备 - 表

对象	耐火结构					准耐火结构			防火结构	
	普通火灾				室内的普通火灾	普通火灾		室内的普通火灾	周围发生普通火灾	
	无结构障碍（非损伤性）			燃烧温度未满（隔热性）	不发生火焰	无结构障碍	燃烧温度未满	不发生火焰	不对结构产生影响	燃烧温度未满
	从上起4层以内的楼层	从上起5~14层	从上起15层以上的楼层							
柱	1时间	2时间	3时间			45分				
梁	1时间	2时间	3时间			45分				
地板	1时间	2时间	2时间	1时间		45分	45分			
隔墙 承重墙	1时间	2时间	2时间	1时间		45分	45分			
隔墙 非承重墙				1时间		45分				
外墙 承重墙	1时间	2时间	2时间	1时间	1时间	45分	45分	45分	30分	30分
外墙 非承重墙 可能延烧部分				1时间	1时间		45分	45分		30分
外墙 非承重墙 以上以外的部分				30分	30分		30分	30分		30分
屋顶	30分				30分	30分		30分		
楼梯	30分					45分				
檐底 可能延烧部分							45分			30分
檐底 以上以外的部分							30分			30分

注1 除通过外墙，防火上有效阻隔与屋架、屋顶层的设施
　2 木结构3层楼的公寓住宅，45min解读为1h
　3 准防火结构情况下，外墙30min解读为20min（无屋檐背面）

标准加热温度曲线 - 图1

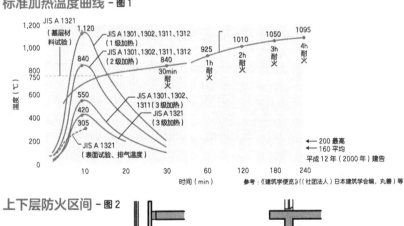

上下层防火区间 - 图2

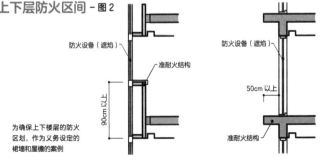

防火设备（遮焰）
准耐火结构
90cm以上

防火设备（遮焰）
50cm以上
准耐火结构

为确保上下楼层的防火区划，作为义务设定的裙墙和屋檐的案例

103

施工效率和生产效率

施工的合理化始于工厂

 要点
◆针对不合理、不均匀的讨论是提高施工效率、生产效率的第一步
◆施工的合理化关系到生产效率的提高、生产的合理化关系到施工效率的提高

不合理和不均匀

施工性讨论的首要问题是难易度之前的问题，是对施工是否可能的讨论。粗看极平常的细部，却包含着施工困难的部分。图1所示是不能紧固螺栓的例子。此外，需注意基底和饰面、不同品种材料间的互相连接等。

即使施工本身是可能的，也有容易误操作的问题。图2是说明就是一根梁，截面尺寸不同的例子。结构计算上即使可以施工，与其他构件磨合连接才算合格。将柱间和层高等取整数、使用模数等也可以说是消除错误的办法之一。

施工效率和生产效率

施工效率原本的难易度在解决以上的不合适、不均匀之后进行讨论。

近几年，运输、起重机械的发达，大型部件运入现场也变得可能，由此进

一步促进了预制化。工厂预制加工（参照20页）使工厂实现了劳动力的集约化，生产效率的提高得以实现。并且，如果数量集中，利用工厂设备等也可以批量生产复杂、高难度的构件。

使用这样工业化的部件，在现场讨论新的工程分区的施工合理化，再对工种进行重新组合（图3）。

具有一定程度规模和功能的汇集、假定特定部位而制造的产品称为部品。在日本习惯在浴缸外边冲洗身体，所以盒子卫生间要求良好的防水性，由于需要多个工种的细分单项工程，由此产生了典型部品的例子（参照221页）。

当采用部品时，就需要决定该性能、规格，设计中主要对部品间以及部品与周边的连接、收头等进行探讨，合理的模数调整（参照234页）变得很重要。

施工困难的建筑细部 – 图1

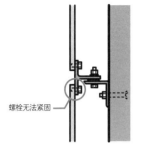

螺栓无法紧固

参考《『ARCHITECTURAL DETAILING』
(Edward ALLEN・John Wiley&Sons,Inc.)》等

招致混乱的分别使用 – 图2

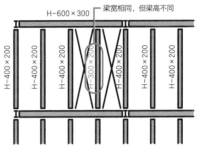

H-600×300
梁宽相同，但梁高不同

H-400×200　H-400×200　H-400×200　H-300×200　H-400×200　H-400×200　H-400×200

参考《『ARCHITECTURAL DETAILING』
(Edward ALLEN・John Wiley&Sons,Inc.)》等

RC 叠层工法的循环
（多工区同期化工法） – 图3

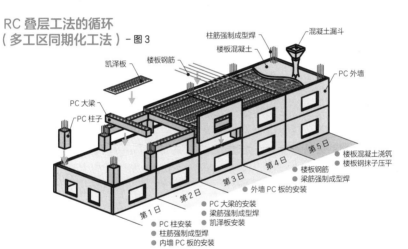

柱筋强制成型焊
楼板混凝土
混凝土漏斗
凯泽板
楼板钢筋
PC 外墙
PC 大梁
PC 柱子

第5日
● 楼板混凝土浇筑
● 楼板钢抹子压平

第4日
● 楼板钢筋
● 梁筋强制成型焊

第3日
● 外墙 PC 板的安装

第2日
● PC 大梁的安装
● 梁筋强制成型焊
● 凯泽板安装

第1日
● PC 柱安装
● 柱筋强制成型焊
● 内墙 PC 板的安装

施工技术的变迁 – 表

		1960	1965	1970	1975	1980	1985	1990	1995	2000	2005
结构体施工		现场浇筑 波纹钢模板 高强螺栓 高张力异形钢筋 胶合板模板 预应力混凝土 人工轻质量骨料	大型 H 型钢 混凝土输送 钢筋预制化 抗震狭缝墙 大型化、机械化模板	地下连续墙 内装饰浇筑模板 塑料模板		宽底桩 高张力钢 焊接部位的超声波探伤 钢筋加工的自动化 高强度混凝土 免震结构 制震结构	大深度地下连续墙 高耐火钢 超高强度粗直径钢筋 超高强度混凝土			
装饰工程			PCa 膜墙 浇筑瓷砖、门窗 无障碍通道楼层	瓷砖饰面 PC 板 装配式顶棚 地面自动找平工法	干挂石材 耐火隔声轻质隔墙 半 PC 板		大型组合楼层（东京都政府办公楼）			
整体情况		顶升工法	超高层（霞关大厦） HPC 工法 承重墙式 PCa 工法	VH 工法 超高层叠层工法	推升工法 预应力 PC 楼板 复合化工法	圆屋顶（东京 88、福冈 93） 高层承重墙式框架结构	超高层RC结构住宅（The Scene Johoku） 结构支撑体和填充体完全分离施工 Skeleton Infill			
其他		新潟地震	十胜冲地震		宫城县海底地震	新抗震设计法　RC 盐害 混凝土碱性骨料反应	阪神淡路大地震			

104

误差与公差

建筑中的误差

要点

◆建筑上的误差，分为制造误差和施工误差
◆就制造公差而言，在日本工业规范中对许多部件都有明文规定，几乎没有施工公差

建筑中的误差

就建筑的误差而言原因可以分为工厂和现场来认识。工厂在生产部件时的误差称为制造误差，其容许偏差的范围称为尺寸公差。另外，部件在现场施工时产生的误差称为施工误差，该容许偏差的范围称为位置公差。

尺寸公差是以一定的成本为前提的部件的生产成品率和相关施工人员在现场可以处理的极限之间的折中点，位置公差是以一定的成本为前提的完工状态和竣工后的施工人员可以处理的极限之间的折中点。

图1所示是一个旧的数据，是对钢筋直径的误差的调查。大于公差的产品虽然非常少，几乎所有的产品都是接近公差，超过公差的几乎没有。当然，可以说明在生产管理中，重点就是减少材料使用量（削减成本）的一个案例。

位置公差

从加工误差的现象来看，很多的部件尺寸公差在日本工业规范中都有明确规定，而位置公差的标准很少。部品的加工尺寸是以模数为基础，在考虑尺寸公差和位置公差的基础上决定的，可以说位置公差也有默认的标准。

表1是表示装修基材的种类和可以处理的主体结构凹凸差的程度。另一个也是25年前的旧数据，图2是混凝土直接抹平楼面的施工误差的实测结果。

表2是日本建筑学会出版的《钢结构工程精度测量指南》中列举的位置公差的例子。表3是美国标准的例子，但日本没有同类的标准。混凝土结构中，墙的倾斜为10′(3048mm)与±1/4″(6mm)。而木结构中为32″（812.8mm）1/4″（6mm）很大，加上内部装饰的竖向龙骨为10′（3048mm）±1/2″（13mm），结构与内装饰有很大的不同。

钢筋（圆钢）直径的公差 - 图1

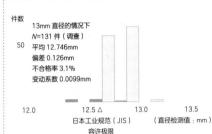

件数

13mm 直径的情况下
N=131 件（调查）
平均 12.746mm
偏差 0.126mm
不合格率 3.1%
变动系数 0.0099mm

50

12.0　　　12.5 △　　13.0　　　13.5

日本工业规范（JIS）　　（直径检测值：mm）
容许极限

混凝土直接抹平误差柱状图 - 图2

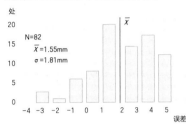

处

20

N=82
$\bar{x}$ =1.55mm
σ =1.81mm

15

10

5

0

-4 -3 -2 -1 0 1 2 3 4 5　误差

混凝土饰面平整度标准 - 表1

混凝土内外装饰饰面	平整度（凹凸差）	参考	
		柱墙的情况下	楼面的情况下
饰面厚度 7mm 以下时，或不受地下影响时	每 1m，10mm 以下	粉饰墙 横筋基层材料	楼面涂装 双层地板
饰面厚度未满 7mm 时，其他部位需要相当好的平整度时	每 3m，10mm 以下	直径喷涂 面砖压粘	瓷砖直接粘贴 直接铺地砖 直接做防水
能看见混凝土时，或饰面厚度相当薄时，其他部位需要相当好的平整度时	每 3m，7mm 以下	清水墙 直接刷漆 直接贴布	楼面树脂涂装 耐磨损地面 钢抹子抹平

出处：（JASS5）（（社团法人）日本建筑学会）

钢结构工程的精度（现场）- 表2

名称	图	标准容许差
①建筑的倾斜度 e		$\left(e \leq H/2,500 \atop +10mm \right)$ 并且 $e \leq 50mm$
②建筑物的弯曲度 e		$\left(e \leq L/2,500 \atop 并且 e \leq 25mm \right)$
③定位线与锚固螺栓位置的错移 e		$-3mm \leq e \leq +3mm$
④定位线的间距 e		$-1mm \leq e \leq +1mm$
⑤柱安装面的高度 ΔH		$-3mm \leq \Delta H \leq +3mm$
⑥施工现场接头层高 ΔH		$-5mm \leq \Delta H \leq +5mm$
⑦梁的水平度 e		$e \leq L/1,000 +3mm$ 并且 $e \leq 10mm$
⑧柱的倾斜度 e		$e \leq \dfrac{H}{1,000}$ 并且 $e \leq 10mm$

参考：《钢构精度测定指南》（社团法人，日本建筑学会）等

美国精度标准案例 - 表3

	精度基准
●混凝土结构基础的平面尺寸 墙体倾斜度 相对强的基础线的凹凸 墙体厚度的不均匀 柱子的倾斜度 梁（地面）水平凹凸	-1/2in、+2in10ft±1/ 每 4in±1 in 每 -1/4in、+1/2in 10ft1/4in，但，最大 1 in 每 10ft1/4in，但，最大 +3/4in
●钢结构 柱倾斜度 梁水平度	20 层以下的建筑所对应的房基线为 -1in+2in 20 层以上的高层建筑所对应的房基线为 1-2in+3in 梁高 24 英寸以内的为 +3/8in 超过该尺寸的为 ±1/2in
●石结构 石的矩形（制作）误差	±1/16in
●砌筑结构 平面布置（施工）误差	每 20ft±1/2in
●木结构 地面平整度	每 32in±1/4in 每 32in±1/4in
●内装工程 刚间柱的倾斜度 吊顶的平整度	每 10ft±1/2in 每 10ft±1/8in

参考：『ARCHITECTURAL DETAILING』
（Edward ALLEN・John Wiley&Sons,Inc.）ほか

105

变形

对变化及变形材料的考虑

 要点
◆材料会受热膨胀、干燥收缩或因为其他原因，经常改变形状
◆应对和处理因环境的变化变形的材料就是构法的作用

对热膨胀的关注

材料因环境条件而发生变化、变形。表1表示根据温度发生伸缩的程度和热膨胀率。塑料和金属因为热膨胀率大，在外部等温差大的场所使用时需要注意。譬如硬质氯乙烯的热膨胀率约是铁的7倍。考虑到室外有日照的夏季和冬季夜间温差较大的情况，对普通水落管进行牢固连接或固定住（图1）。

对于金属板的使用和接缝的设置，也要在外装工程中，需要充分考虑热膨胀。金属屋顶的压板铁片就是基于这个考虑的一个例子（参照114页）。另外，紧固热膨胀率有差异的部件，需要注意设定的各伸缩和与实际差相应的张拉和压缩的内部应力的产生。

吸水、吸湿和干燥的收缩

表2表示吸水、吸湿和干燥的伸缩

的程度。木材含水的收缩率因树种而不同，依据纤维方向、直木纹方向、板纹方向的顺序越来越大。另外，由于最初木表比木芯的含水率高，其收缩量也大（图2）。在门窗上档、门槛等场所，将芯材隐藏起来的处理，是为了将凸面隐藏在内侧，通过将芯材雕刻沟槽形状的装饰线条和踢脚线削薄，设法控制因干燥收缩引起的变形（图3）。由于温度和湿度槁扇和门多发生翘曲现象，特别是表里处于不同环境时，或作为装饰不同饰面时容易发生（图4）。

混凝土比起日常的吸放湿度发生的变形，浇筑后的干燥收缩的影响更大，有时会发生龟裂。《住宅纠纷处理参考的技术性基准》（2000年建设省告示1653号）把不满0.3mm和0.5mm以上的龟裂作为有无瑕疵（参照238页）可能性的标准（临界值）。

热（线）膨胀率 a 的例子 – 表1

材料	$\times 10^{-6}/℃$
木材	5.0
石灰石	3.0 ~ 12.0
花岗石	5.0 ~ 11.0
大理石	5.0 ~ 22.1
砂岩	7.0 ~ 12.0
石板瓦	8.0 ~ 10.0
硅石	9.0
瓷砖	4.5
砖	6.5
ALC 轻质混凝土	6.7 ~ 8.0
混凝土	6.8 ~ 12.7
玻璃	9.5
铸钢	10.6
钢铁	12.1
不锈钢	16.5
铜	16.9
青铜	18.4
黄铜	18.7
铝	23.8
铅	28.6
锌	32.4
玻璃钢	20 ~ 34
聚酯	35 ~ 50
硬质氯乙烯	50 ~ 180
聚碳酸酯	68.4
有机玻璃	74.0

$\ell_1 - \ell_2 = a(t_1 - t_2)$

雨水管的固定 – 图1

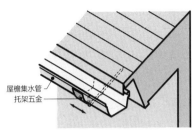

屋檐集水管
托架五金

卡件（雨水管卡子）
竖雨水管

因吸收、吸湿的收缩和膨胀 – 表2

混凝土的干燥收缩	0.0005 ~ 0.0007mm/mm
砖的受潮膨胀	0.0002mm/mm
石膏板的受潮膨胀	0.0004mm/mm

5m的混凝土板的干燥收缩，在忽略钢筋影响的情况下为 5000 × 0.0005 ~ 0.0007 mm/mm=2.5 ~ 3.5mm

木表和木芯 – 图2

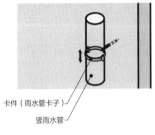

木芯部分
木表部分
地板木龙骨

在不良的施工中，地板中央会鼓起

对长型板的考虑 – 图3

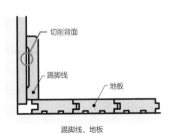

切削背面
踢脚线
地板

踢脚线、地板

参考《Architecturl Detailing》
（Edward Allen · John Wiley&Sons，Inc）等

木质门窗的翘曲 – 图4

有潮气　　　干燥

229

106

接缝的功能

从结构到意象设计

要点
◆相比平头对接，透缝或转角护条更不显眼
◆是否显眼是建筑设计的问题，但接缝有包含结构在内的各种作用

接缝的原理

当刺激 R 变化时，能感觉差异的极限（不同临界值）ΔR 与 R 的大小成比例（韦伯法则）。关于两块材料平面对接部的接缝，与直接对接相比，采用透缝、转角护条，其接缝宽度 R 变大，误差 ΔR 变得不显眼，图1所示是其中一个例子。所谓收头处理，就是利用该原理，根据余量和接缝等从视觉上处理各部位。

对于拐角部的斜切角，如为 RC 结构柱子，考虑模板脱模的方便性，防止工伤也是重要的原因，但也源于同一原理（图2，面宽 R）。

接缝的种类和作用

面砖的接缝是吸收制造误差和施工误差，CW 的接缝确保了层间位移追随性，混凝土保护层的接缝的作用是吸收热伸缩。

在粉刷墙等整体装饰的情况下，从控制因干燥和温度变化引起龟裂的角度考虑，以一定程度的间隔设置接缝。在 RC 结构中，对现浇混凝土的浇筑接缝部设置接缝基本上也是同样目的。

在框架式 RC 结构中，为避免短柱造成的剪切破坏，柱和（以前是梁柱的刚性加强和正面要素）墙之间设置细缝，从结构上进行分隔，形成接缝（图3）。

如上所述，接缝担负着各种功能，但在建筑物的外围，需要注意保温性、防水性和耐火性等，避免成为性能上的弱点。

接缝也是设计要素。根据不同的图形，由于有建筑设计上的特征（表），作为设计要素需要进行综合性的讨论。接缝应设置在开口部两侧、中央等明确的位置为好，但如遇到前述的结构细缝与梁柱等相连接时，对于上下层的剖面变化，需要考虑的不是正面宽度而是进深的深度。

饰面的接缝构造形式 - 图 1　　柱倒角 - 图 2

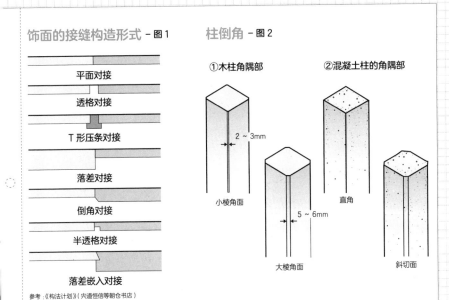

平面对接

透格对接

T 形压条对接

落差对接

倒角对接

半透格对接

落差嵌入对接

参考:《构法计划》(宍道恒信等朝仓书店)

①木柱角隅部

小棱角面

大棱角面

2 ~ 3mm

5 ~ 6mm

②混凝土柱的角隅部

直角

斜切面

利用抗震细缝的接缝 - 图 3

仅在"进深"上进行剖面变化,
结构柱边细缝贯穿上下层

细缝的密封材料

D10@400 程度

柱

@= 间隔

接缝形式的种类和特点 - 表

形式	名称	特点
	竖接缝 (竖贴)	建筑物看起来竖长条形,层高尺寸可能的情况下,不采用小尺寸的接缝,防水施工也容易。采用简单的垂直角(阳角、阴角等)收头
	横接缝 (横贴)	由于制作上的局限,横切面接缝是难以避免的,接缝的阴影容易表现出稳定感。垂直角的处理(阳角、阴角等)比较难
	对缝连接	可以做到与开口部的形状连动、有规律性的外观,但与开口尺寸的调整比较困难。角的接缝比较困难,接缝宽度和接缝槽的粗糙也很显而易见
	断缝连接	如使用薄的材料,纹路与形式不能取得平衡,接缝宽度和接缝槽的粗糙不是很明显,但与开口部的连接比较困难

107

收头处理

规律的积累

要点
- ◆各连接部位收头的技术积累称为规律
- ◆两个构件的交叉部的不分胜负的收头称为"留"

连接部位的种类

构成建筑物各部位的构件和材料的连接，或粘贴的状态称为"连接部位"，构件的尺寸在生产时会发生制造误差，在施工安装时会发生施工误差。也可以认为是因受热和潮气造成伸缩。在连接上，考虑这些尺寸的调整和建筑设计、性能等综合性的完工状态称为"收头处理"，有几个规律。

连接部位的种类大体可分为三类（图1）。

接缝的连接部位有以下几种形式，平面对接、透格、重叠（图2），面宽（W）和进深（d）作为相同的程度。所谓倒角也可以说是透格的变形，压条对接是搭接的变形。

角分为凹状的阴角和凸状的阳角两种，挂镜线、踢脚线是镶在剖面方向阴角的部件。收头材料分为饰面工程前安装和饰面工程后安装，对于阴角如后安装是困难的，要先安装或用相同材料进行装饰，往往没有特别的收头材料。

顶部的连接方式多种多样，坡屋顶的兽瓦可以说是最典型的收头材料。

规律的胜和负

主体结构完成后进行的开口附框、吊柜、楼梯、壁龛等的木工工程称为细木工程或装修木工，其中的规律之一是不可露出"横切面"。横木板条是安装在门窗上档的部件（传统上是从两侧夹住柱子的结构材料，横木作为结构部件使用，也成为了装饰材料），横木板条与壁龛柱互相连接部位如图3所示，按照规定方式连接。

如图4所示，对两个部件的交叉部分，一侧的部件为专有时，该部件的名称上附加"○"，○为胜（或另一侧加"×"，×为负）。另外，没有胜负时为"留"。门边框采用纵压条是因为横切面被上下附框所掩盖。

连接部位的种类 – 图1

①接缝
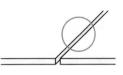

②角

③顶角

接缝的处理 – 图2

①平面对接处理

②透格处理
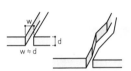

③搭接处理

$w \risingdotseq d$

壁龛柱和横木板条 – 图3

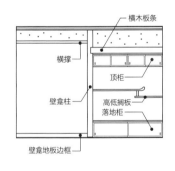

横木板条

横撑

顶柜

壁龛柱

高低搁板
落地柜

壁龛地板边框

七分搭接
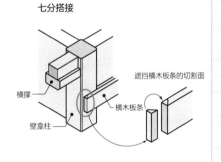

横撑

壁龛柱

横木板条

遮挡横木板条的切割面

胜负 – 图4

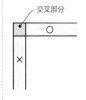
交叉部分

○胜

×胜

○·×负

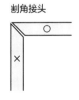
割角接头

108

模数协调

利用网格的设计和施工

◆模数协调（MC）是谋求设计、施工效率化的工具
◆模数协调（MC）没有标准解，根据具体情况区别使用

构成木材的种类

所谓模数协调就是将建筑、部件（在该领域常常称为构件）等尺寸关系采用成为基准的尺寸进行恰当的调整（M.C. Modular Co-ordination）。

构件大体可分为以下四个类型，根据具体情况，适当进行尺寸调整。

①组成框架（构架）的构件群

②平面排列组成面的构件群（榻榻米、顶棚面板等）

③箱形的构件群（收纳组合件等）

④间隔空间的板形构件群（隔板等）

MC 的例子

在传统的梁柱木结构构法中，称为江户间（关东间）和京间等具有代表性的设计基础（图1）。前者依据3尺见方（1尺＝303mm）的坐标方格，后者依据3尺1寸5分的坐标方格，并且在柱子

净尺寸设置网格。如江户间的坐标方格称为单网格，京间称为双网格。江户间的轴线尺寸对应网格心设置，京间的柱子夹在双网格间进行设置。京间宽阔是源于该单位尺寸和网格。

对于传统的梁柱结构构法以外的建筑物，一般也采用网格进行控制。就是考虑以称为组装基准线的网格为前提，将设定在空间上的组装基准线和设定在构件上的组装基准线结合起来，进行设计、施工的。前述的①是根据轴线组装，②和③根据外缘尺寸组装，分别都是一般的做法。但③的洗脸台组合中，有采用外缘尺寸组装的，也有采用轴线组装的（图2）。④从外缘和轴线两个方面考虑，除了标准面板以外，还需要面板的厚度为 A 和 B，或厚度一半长的 C、短的 D 配套板。关于后者的情况下，取代长型的配套面板，也有采用收头材料 E 进行对应的方法（图3）。

江户间和京间 – 图1

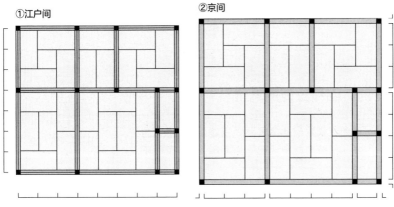

①江户间

②京间

如江户间的柱子所控制的称为轴线，如京间的柱子所示称为外缘，在京间的情况下，榻榻米也采用外缘控制

方形的构件群 – 图2

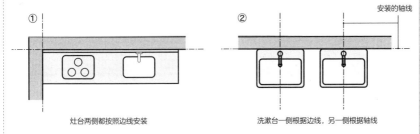

①

②

安装的轴线

灶台两侧都按照边线安装

洗漱台一侧根据边线，另一侧根据轴线

板状的构件群 – 图3

①按边线安装

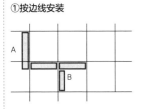

A

B

A 板的长出部分尺寸和 B 板缩短部分的尺寸需要与板的厚度相同

②按轴线安装（没有收头部件）

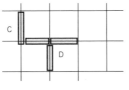

C

D

C 板的长出部分的尺寸和 D 板缩短部分的尺寸需要板厚度的一半

③按轴线安装（有收头构件）

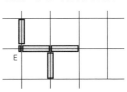

E

除板的缩短尺寸是板厚度的一半外，还需要收头构件 E

109

模数

讨论的基础和数值的算出

 要点
◆所谓模数就是指成为 M.C. 基础的单位尺寸
◆所谓模数就是从无限的数值群中提取有限的数值群

尺和英尺

成为模数协调基本单位的尺寸称为模数。模数有时指一个单位尺寸，有时指一个系列的尺寸群。

木结构建筑的模数自古以来使用接近 30cm=1 尺。使用尺寸单位约 30cm 长度的不仅是日本，还有 1 英尺（foot）也是其中之一。一般认为这都与人体尺寸有关联。

在日本，作为住宅用的模数中，比起 1 尺，更广泛使用的是 3 尺、1 间（6 尺）。在欧洲没有相同的这种模数，近几年才逐渐统一成在 10cm 基础上再到 30cm、60cm。

大的模数，随着部品种类的减少，通过批量生产降低成本，标准化往往伴随着弱者的淘汰。建筑的构件涉及很广的范围，作为全球标准模数的选定是困

难的。可以说前述的 1 尺和 1ft 就可以作为模数探讨时的基础。

尺寸群的例子

图 1 是模数表（内田祥哉建议）。小数点位置是自由的，任何数值的 2 倍都会成为右边相邻的数值，数值的 5 倍成为左边相邻的数值，另外，任何数值的 3 倍成为下列数值。由于组装和分解容易，设计、施工等方便被广泛使用（但由于表周边数值不是整数，加减乘除时难以使用）。

作为尺寸群，除此之外还有瑞纳尔数（表）。从 $2^{10}=1024$ 靠近 1000 着眼，使用 10 之 10 根（和）。特点是只要相乘，用十进制是得不出 10 个以上的数值的。

图 2 所示是柯布西耶发明的尺寸群模度（Modulor）。

模数表 - 图1

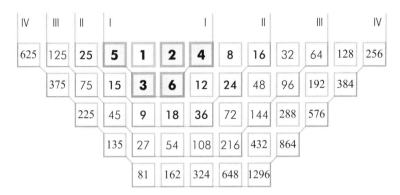

IV	III	II	I			I		II		III		IV
625	125	25	**5**	**1**	**2**	**4**	8	16	32	64	128	256
	375	75	15	**3**	**6**	12	24	48	96	192	384	
		225	45	9	**18**	**36**	72	144	288	576		
			135	27	54	108	216	432	864			
				81	162	324	648	1296				

过去 JIS 的 A0001 之中, 有的按照上表 (包括 7 的倍数系列) 的基础数值, 而现在的 ISO (International organization standardization) 依据 1006 的方式, 仅规定 "基本模数为 1M=100mm"

瑞纳尔数表 - 表

R10

$\sqrt[10]{10}^{\ 0}$: 1. ≒ 1

$\sqrt[10]{10}^{\ 1}$: 1.2589 ≒ 1.25

$\sqrt[10]{10}^{\ 2}$: 1.5849 ≒ 1.6

$\sqrt[10]{10}^{\ 3}$: 1.9953 ≒ 2

$\sqrt[10]{10}^{\ 4}$: 2.5119 ≒ 2.5

$\sqrt[10]{10}^{\ 5}$: 3.1623 ≒ 3.2

$\sqrt[10]{10}^{\ 6}$: 3.9812 ≒ 4

$\sqrt[10]{10}^{\ 7}$: 5.0119 ≒ 5

$\sqrt[10]{10}^{\ 8}$: 6.3096 ≒ 6.4

$\sqrt[10]{10}^{\ 9}$: 7.9433 ≒ 8

$\sqrt[10]{10}^{\ 10}$: 10. ≒ 10 or 1

作为身边最近的应用例子是照相机的光圈

模数 - 图2

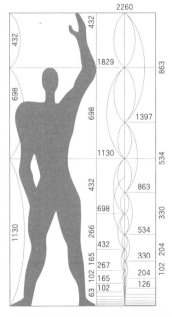

红	蓝
12535	15494
7747	9576
4788	5918
2959	3658
1829	2260
1130	1397
698	863
432	534
267	330
165	204
102	126
63	78
39	48
24	30
15	18
9	11
6	

上图是柯布西耶发明的模数, 柯布西耶也需要限定数值的工具, 另外, 使用黄金比 $1 : \frac{1+\sqrt{5}}{2}$ (1 : 1.618) 等十分有趣。再者, 红色列中肚脐高度为 1130, 蓝色列是其一倍 2260, 以各自为基础形成斐波纳契数列 (某一项和下一项的和成为再下一项的数值)。

6

构法、工法的生成

237

110

可持续性

建筑学的重组

 要点
◆将缺损防范于未然的方法，对发生的缺损进行修补、再生的方法
◆保证建筑可持续的建筑病理学

可持续的构成要素是多种多样的，但只有建筑物的长寿化是最重要因素之一。应对性能条件和用途变更是容易的，是以防止缺损、修补和再生成为基础的。

既有建筑物的利用

从节约资源和防止全球温室效应观点出发，在削减 CO_2 等生态学的高潮中，维持、再生既有建筑物的活动如火如荼。既有建筑物的利用在欧美已经成为传统且日常的行动，有各种各样的技术积蓄。将建筑的用途适应时代和地域，进行再利用的"转换"也是其中之一。SI 体系是将主体结构和内部装饰、设备相分离，使再生变得容易的方法（表1）。

瑕疵担保责任的履行

发现的缺损现象并不全都是瑕疵。质量确保法（关于促进确保住宅质量等

的法律）中，以迅速处理是否瑕疵的纠纷为目的设置的《住宅纠纷处理的参考技术的标准》（2000 年建设省告示第1653 号），以此进行应对（表2）。

另外，确定为瑕疵时，当事者由于破产等不能进行修复和重建时，为确保该担保责任得以实施，而施行了住宅瑕疵担保履行法（关于确保特定住宅瑕疵担保责任履行等的法律）。

为了有效利用不可避免的经年老化的存量建筑，针对建筑各部分发生的各种老化现象的原因、危险度、适当处理措施等需要具备能够正确判断和实施的知识体系。关于仿效医学领域病理学的建筑病理学这一领域，欧美有较多的积累。

从只将新建建筑作为设计对象的时代，向既有建筑物再生即扩大对象的时代转变，建筑学的重组开始了。

考虑可持续的设计理念 - 表1

自然	减少热的渗透和损失	
	导入阳光	
	引入风	
	利用绿色和土壤	
	珍惜木材的使用	
	巧妙地使用水	
	活用自然的力量	
资源、能源	制定高效的体制	
	使用耐久性好的材料	
	珍惜地球环境	
	改变对建筑副产品的用途	
生活方式	建立长期利用建筑的体制	符合性能、用途变更等的技术 /SI 体系
	管理建筑的一生	防止问题的发生，进行修补和重建的技术 / 建筑病理学
人	使用环保的材料	
	建议新的生活方式	
街道和社区	继承历史	
	与居民共同建设	
	为街道、城市重新引入自然	

所谓 Sustainability 是可持续的意思，该词汇近年来每每成为话题，其背景是因为地球温室效应、资源枯竭、废弃物处理等有关环境的各种担忧。重新认识《关注环境的建筑》的观点，改变技术、技能的活动在各个领域蓬勃开展

参考：《永生建筑的设计》

住宅纠纷处理的技术性标准 - 表2

	结构承载力上主要部分瑕疵存在的可能性	
	水平 2（一定程度存在）	水平 3（高）进行现场调查的必要性较高
倾斜	3/1000 以上 6/1000 未满的	6/1000 的
裂缝 （基础 =RC 结构体系）	1. 涉及多个饰面材料（RC 结构体系：宽 0.3mm 以上的） 2. 木结构、钢结构的干式基材或贯通到结构材的表面 3. RC 结构体系涉及装饰材料和结构材料的宽 0.3mm 以上 0.5mm 未满的	1. 直接基材为干式：结构性裂缝 2. 涉及装饰材料和十式的装饰材料（木结构、钢结构：或结构材） 3. RC 结构体系：涉及装饰材料和结构材料的宽 0.5mm 以上的 4. 钢结构、RC 结构：伴有铁锈液
缺陷 （基础 =RC 结构体系）	1. 涉及多个饰面材料 2. 同上 2 3. RC 结构体系：结构材料中深 5mm 以上 20mm 未满的	1. 同上 1 2. 涉及装饰材料和干式的装饰材料（木结构、钢结构：或结构材） 3. RC 结构体系：结构材料中深 20mm 以上的 4. 同上 4 5. RC 结构体系：钢筋或钢构外露
破断和 变形	1. RC 结构体系：结构材料中连续宽 0.3mm 以上 0.5mm 未满的裂缝 2. RC 结构体系：结构材料中深 5mm 以上 20mm 未满的	1. 干式基材（木结构、钢结构：或结构材料）的连续裂缝 2. 结构材料中连续宽 0.5 mm 以上的裂缝 3. 干式基材（木结构：或结构材料）的连续缺损 4. 结构材料中连续深 20 mm 以上的缺损 5. 钢筋或钢构连续的外露缺损

从表面发生的瑕疵现象来看可以初步掌握基础结构部分发生瑕疵可能性的程度，所谓瑕疵是意味缺陷的法律用语。对于合同的标志物，从法律规定的内容和社会的一般观点来看，缺乏必要的性能，指该建筑违反了建筑规范等的规定，与设计图及资料不符，违反了合同的内容

纠纷处理体制 - 图

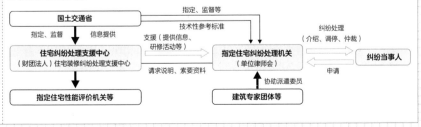

作者介绍

大野隆司 （著者）

1944 年在东京出生，1968 年东京大学工学部建筑学科毕业，1975 年于该大学建筑学专攻博士（工学博士），1982 年创设建筑体系研究所。1986 年至今就任东京工艺大学工学部教授。主要著作有《建筑构法计划》（市谷出版社）、《简明易懂的最新住宅建筑的基础和机制》（秀和体系）等，2002 年"关于建筑构造规划、设计开发研究和有关数据的再编成"获日本建筑学会（论文）奖。

濑川康秀 （制图）

1953 年出生于青森县，1976 年毕业于明治大学建筑学专业。1985 年成立 A-kishop 一级建筑师事务所至今。一级建筑师，福祉居住环境咨询顾问（2 级），明治大学兼职讲师、东京家政学院兼职讲师。主要著书有《初学者的建筑讲座》（市谷出版社）等。